KORPORATION DER KAUFMANNSCHAFT VON BERLIN.

Handels-Hochschule Berlin.

Vorlesungen und Übungen

im Sommer-Semester 1913.

Preis 30 Pf. Zu haben beim Pedell in der Pförtner-Loge des Hochschulgebäudes (am Eingang Spandauer Str. 1)

Verlag von Georg Reimer
Berlin W35, Genthiner Straße 38.

Inhalt.

A.

Lehrkörper der Handels-Hochschule Berlin.

(Die Sprechstunden sind in Klammern angegeben.)

I. Rektor (Rektoratsperiode Januar 1911 bis Herbst 1913)

Dr. A. Binz, Professor (s. Nr. 1).

II. Stellvertreter des Rektors

Dr. Eltzbacher, Professor (s. Nr. 2).

III. Dozenten im Hauptamte.

	Nummern der Vorlesungen.
1. Dr. Binz, Professor der Chemie, Berlin W. 30, Habsburger Str. 10 II, Amt Kurfürst 4889. *(Di, Mi 10-11, Fr 11-12 im Rektoratszimmer, Amt Ztr. 5115.)*	8, 81-84
2. Dr. Eltzbacher, Professor der Rechtswissenschaft, Grunewald, Beymestr. 7. *(Mo 11 Uhr im Hochschulgebäude, Zimmer 111.)*	53, 57, 61-63, 65
3. Dr. Hellauer, Professor der Handelswissenschaften, Zehlendorf-West, Seestr. 53. *(Di 12-1 und nach Schluss der Vorlesungen im Hochschulgebäude, Zimmer 220.)*	3, 6, 14, 20, 21
4. Dr. Jastrow, Professor der Staatswissenschaften, Westend, Nußbaumallee 24. *(Im Hochschulgebäude, Zimmer 207: Di 10, Fr 11 und 5 Uhr; in der Privatwohnung: Di, Do 4-5.)*	1, 24, 34
5. Leitner, Professor der Handelswissenschaften, Charlottenburg, Windscheidstr. 5 I. *(Im Hochschulgebäude, Zimmer 108, nach den Vorlesungen, Amt Ztr. 5311.)*	4, 5, 13, 19
6. Dr. Martens, Professor der Physik, Berlin NW. 23 (Bahnhof Bellevue), Claudiusstr. 4, Gartenhaus III. Etage. *(Täglich im Physikalischen Institut, Fernsprecher des Physikalischen Instituts, Amt Ztr. 5115.)*	74-80

Nummern der Vorlesungen.

7. Dr. Preuß, Professor des öffentlichen Rechts, Berlin W. 10, Matthäikirchstr. 29. *(Im Hochschulgebäude Zimmer 106 nach den Vorlesungen.)* 58, 59, 64

8. Dr. Schär, Professor der Handelswissenschaften, Groß-Lichterfelde-Ost, Schillerstr. 26, Telephon Amt Groß-Lichterfelde 3658. *(Fr 1-2 im Hochschulgebäude, Zimmer 1, Amt Ztr. 5311.)* 2, 7, 10, 18

9. Dr. Sombart, Professor der Staatswissenschaften, Charlottenburg, Suarezstr. 27 (Eingang Trendelenburgstraße.) *(Mi, Do um 2 Uhr im Hochschulgebäude, Zimmer 104, Amt Ztr. 5311.)* 23, 27, 35

10. Dr. Spies, Dozent der englischen Sprache, Berlin W. 57, Kurfürstenstr. 4 II. *(Im Hochschulgebäude, Zimmer 125, nach den Vorlesungen und Übungen, Amt Ztr. 5311.)* 91, 116, 117

IV. Dozenten im Nebenamte.

11. Dr. Apt, Professor, Syndikus der Aeltesten der Kaufmannschaft von Berlin und Syndikus der Handels-Hochschule, Berlin W. 9, Bellevuestr. 17 (Hotel Esplanade). *(Mi 12-1 in seinem Amtszimmer Neue Friedrichstr. 51 I.)*

12. Dr. v. Bortkiewicz, a. o. Professor an der Universität, Halensee, Johann-Sigismund-Str. 2. *(Mi 10-11 in der Wohnung.)* 28

13. Dr. Crüger, Justizrat, Professor, Anwalt des Allgemeinen Deutschen Genossenschafts-Verbandes *(9-10 im Bureau des Allgemeinen Deutschen Genossenschafts-Verbandes, Charlottenburg, Berliner Str. 102).* Amt Wilhelm 597. 47, 48

14. Dr. Eger, Geheimer Regierungsrat, Berlin W. 10, Hohenzollernstr. 18 I, Amt Lzw. 4974. *(Täglich 5-6 in der Privatwohnung; Do 8 abends im Hochschulgebäude, Zimmer 103).* 55

15. Dr. Frischeisen-Köhler, Privatdozent an der Universität, Friedenau, Isoldestr. 10. *(Nach der Vorlesung.)* 112

16. Dr. Paul Goldschmidt, Professor, Oberlehrer a. D., Steglitz, Hohenzollernstr. 7 I. *(3-4 in der Wohnung.)*

Nummern der Vorlesungen.

17. Dr. Hager, Regierungsrat a. D., Generaldirektor der Preußischen Lebens-Versicherungs-Aktien-Gesellschaft, Berlin W. 8, Mohrenstr. 62. *(Im Hochschulgebäude, Zimmer 103, vor und nach der Vorlesung.)* 45, 46

18. Haguenin, Professor an der Universität Berlin, Wilmersdorf, Hohenzollerndamm 205, Amt Pfzb. 3054. *(Im Hochschulgebäude nach der Vorlesung, Di 11-1 in der Wohnung.)* 118

19. Hermann Hecht, Kaufmann, Mitinhaber der Firma Hecht, Pfeiffer & Co., Berlin SW. 68, Ritterstr. 48, Amt Mpl. 10387, 10388. *(Vormittags 9-10, Ritterstr. 48.)* 22

20. Dr. Heilfron, Amtsgerichtsrat, Professor, Charlottenburg, Fasanenstr. 6, Amt Steinplatz 10012. *(Nach den Vorlesungen im Hochschulgebäude, Zimmer 2.)* 50, 56

21. Dr. Herrmann, Professor, Privatdozent an der Universität, Schriftleiter der Gesellschaft für deutsche Erziehungs- und Schulgeschichte, Berlin W. 50, Augsburger Str. 34 III. *(Mo, Do 4-5 in der Privatwohnung.)* 113

22. Dr. Hoeniger, Professor, Privatdozent an der Universität, Lehrer an der Kriegsakademie, Berlin W. 50, Kurfürstendamm 231, hochparterre. *(Di, Fr 3-½5 in der Privatwohnung.)* 73

23. J. Hoffmann, Bureaudirektor der Korporation der Kaufmannschaft, Berlin C. 2, Neue Friedrichstr. 51 (Verkehrsbureau, Amt Ztr. 5290). *(Täglich 12-2.)* 49

24. Dr. Jessen, Geheimer Regierungsrat, Direktor am Kunstgewerbe-Museum, Berlin SW. 11, Prinz-Albrecht-Straße 7a, Amt Ztr. 2569. *(Im Hochschulgebäude nach der Vorlesung.)* 115

25. Dr. Justi, Professor, Direktor der Königlichen National-Galerie, Wilmersdorf, Xantener Str. 15, Amt Pfzb. 3786. *(Nach der Vorlesung im Hochschulgebäude.)* 114

26. Dr. Köbner, a. o. Professor an der Universität, Wirklicher Admiralitätsrat und Vortragender Rat im Reichs-Marine-Amt, Berlin W. 10, Matthäikirchstr. 28 parterre, Amt Lzw. 5194. *(Nach der Vorlesung im Hochschulgebäude.)* 36

 Nummern der Vorlesungen

27\. Dr. Kriele, Volkswirtschaftlicher Beirat der Aeltesten der Kaufmannschaft von Berlin, Grunewald, Friedenthalstraße 21 (Haus zum Lodzer Webstuhl). *(Werktäglich von 10-11 Neue Friedrichstr. 51 I.)* 33

28\. Dr. Kuczynski, Direktor des Statistischen Amts der Stadt Berlin-Schöneberg, Friedenau, Sponholzstr. 47, Amt Pfzb. 141. *(Nach den Vorlesungen im Hochschulgebäude, Zimmer 103.)* 25, 26

29\. Dr. Kühne, Geheimer Regierungsrat, Charlottenburg, Schloßstr. 48. *(Nach der Vorlesung oder nach den Übungen im Hochschulgebäude.)* 109-111

30\. Dr. Freiherr v. Liebig, Geheimer Regierungsrat, Mitglied des Kaiserlichen Aufsichtsamts für Privatversicherung, Berlin W. 15, Ludwigskirchstr. 10 III. *(Vor und nach den Vorlesungen im Hochschulgebäude, Zimmer 103.)* 40, 43

31\. Dr. v. Luschan, o. Professor an der Universität, Geheimer Regierungsrat, Südende, Oehlertstr. 26, Amt Tempelhof 3222. *(Nach der Vorlesung.)* 39

32\. Dr. Manes, Professor, Generalsekretär des Deutschen Vereins für Versicherungswissenschaft, Berlin W. 50, Prager Str. 26 I, Amt Pfzb. 721. *(Nach den Vorlesungen im Hörsaal; in der Wohnung nach Verabredung.)* 41, 42, 44

33\. Dr. Marcuse, Professor, Privatdozent an der Universität, Lehrer beim Luftschiffer-Bataillon und an der Militär-Technischen Akademie, Charlottenburg, Dahlmannstr. 5, Amt Steinplatz 9434. *(Nach den Vorlesungen und Übungen.)* 70-72

34\. Dr. F. Meyer, Geheimer Justizrat, Kammergerichtsrat, Berlin W. 15, Hohenzollerndamm 207. *(5-6 in der Privatwohnung.)* 51, 52

35\. Dr. Muthesius, Geheimer Regierungsrat, Nikolassee, Dreilindenstraße.

36\. Norden, leitender Handelsredakteur des Berliner Tageblatts, Berlin W. 50, Spichernstr. 7. *(Nach der Vorlesung.)*

37\. Dr. Osterrieth, Professor, Generalsekretär des Deutschen Vereins für den Schutz des gewerblichen Eigentums, Berlin, Bureau: W. 66, Wilhelmstr. 57-58 II, Amt Ztr. 5404. *(Von 12-2 im Bureau.)* 54

Nummern der Vorlesungen.

38. Dr. Palme, Lehrer am Orientalischen Seminar der Universität, Berlin W. 57, Bülowstr. 67 III. *(Im Sprechzimmer nach den Vorlesungen und Übungen, in der Wohnung nach Verabredung.)* 60, 100

39. Paschke, Verlagsbuchhändler, Inhaber der Haude & Spenerschen Buchhandlung (Max Paschke), Berlin SW. 11, Dessauer Str. 13. *(Vormittags 11-1, Dessauer Str. 13.)* 9

40. Dr. Rahts, Professor, Kaiserlicher Regierungsrat und Mitglied des Kaiserlichen Statistischen Amtes, Charlottenburg, Königin-Luise-Str. 17, Amt Wilhelm 3135. *(Täglich von 4-5 in der Privatwohnung.)* 30

41. Dr. Rohrbach, Berlin-Friedenau, Stierstr. 19, Amt Pfzb. (2281). 37

42. Dr. v. Seefeld, Geheimer Oberregierungsrat, Vortragender Rat im Ministerium für Handel und Gewerbe, Zehlendorf, Knesebeckstr. 5. *(Im Hochschulgebäude nach der Vorlesung.)* 29

43. Dr. Somary, Berlin NW. 23, Klopstockstr. 15, Amt Moabit 5524. *(Nach der Vorlesung im Hochschulgebäude, Zimmer 103.)* 31, 32

44. Dr. Tiessen, Professor, Nicolassee, Waltharistr. 11. *(Im Hochschulgebäude nach der Vorlesung.)* 66, 67

45. Dr. Georg Wegener, Professor, Berlin W. 50, Prager Straße 36. *(Im Hochschulgebäude nach den Vorlesungen.)* 68, 69

46. Dr. Ziegel, Prokurist der Versicherungs-Gesellschaft „Victoria zu Berlin“, Wilmersdorf, Berliner Str. 18. *(Im Hochschulgebäude nach den Vorlesungen.)* 16, 17

V. *Außerdem halten Vorlesungen:*

47. Dr. v. Erdberg, Berlin W. 50, Augsburger Str. 61 (Zentralstelle für Volkswohlfahrt), Amt Lzw. 2637. *(Im Hochschulgebäude nach der Vorlesung.)*

48. Dr. Gerstner, wissenschaftlicher Direktionsassistent der „Revision“, Treuhand-Aktien-Gesellschaft, Charlottenburg, Kantstr. 77, Amt Wilhelm 2996. *(Vor und nach der Vorlesung im Hochschulgebäude Zimmer 103.)* 11, 12

Nummern der Vorlesungen.

49. Dr. J. F. Hoffmann, Professor am Institut für Gärungsgewerbe zu Berlin, Nieder-Schönhausen, Kaiser-Wilhelm-Straße 79. *(In der Hochschule nach der Vorlesung.)*

50. Mantzke, Dipl.-Handelslehrer, Charlottenburg, Kaiser-Friedrich-Straße 34. *(In der Hochschule nach der Vorlesung.)* 15

51. Dr. Zoepfl, a. o. Professor an der Universität, Geheimer Regierungsrat und Vortragender Rat im Reichskolonialamt, Berlin, Schiffbauerdamm 27. *(Nach der Vorlesung im Hochschulgebäude.)* 38

VI. Lehrer am Handels-Hochschul-Seminar für fremde Sprachen.

Englisch.

52. Brandenburg, Professor, Oberlehrer, Berlin W. 30, Landshuter Str. 22. *(Im Anschluss an die Übungen im Hochschulgebäude.)* 89, 92

53. Milton Hart, Steglitz, Südendstr. 4. *(Im Hochschulgebäude nach den Übungen; in der Potsdamer Str. 113, 3. Villa, täglich ausser Sb 6½-8.)* 85-87, 90

54. Dr. Neuendorff, Oberlehrer, Charlottenburg, Marchstraße 15. *(Nach den Übungen.)* 88

Dr. Spies (s. Nr. 10).

Französisch.

55. Francillon, Lehrer am Orientalischen Seminar, Berlin W. 15, Konstanzer Str. 60 III. *(Im Anschluss an die Übungen im Hochschulgebäude Zimmer 103.)* 94

56. Maillet, Licencié-ès-lettres und D. e. s. de l'Université de Paris, Wilmersdorf, Pfalzburger Str. 33a. *(Im Anschluss an die Übungen.)* 93, 95, 99

57. Puy-Fourcat, Officier de l'Instruction publique, Lehrer an der Königlichen Militärtechnischen Akademie, Berlin W. 35, Potsdamer Str. 113a. *(Im Anschluss an die Übungen.)* 96, 97

58. Dr. K. Schmidt, Professor, Oberlehrer, Berlin SW. 47, Yorckstr. 68. *(Im Anschluss an die Übungen.)* 98

Nummern der Vorlesungen.

Russisch.

59. Dr. Boehme, Berlin SW. 11, Tempelhofer Ufer 36. *(Nach den Übungen.)* 101, 102

Dr. Palme (s. Nr. 38).

Spanisch.

60. Dr. de Mugica, Lehrer am Orientalischen Seminar, Berlin NW. 52, Wilsnacker Str. 3. *(Vor und nach den Übungen.)* 104, 105

61. de Palacios, Konsul a. D., Steglitz, Mariendorfer Str. 57. *(Nach den Übungen.)* 103

Italienisch.

62. Dr. Hecker, Professor, Steglitz, Arndtstr. 38. *(Nach den Übungen.)* 106, 107

Deutsche Sprachkurse für Ausländer:

63. Dr. Paszkowski, Professor, Leiter der Akademischen Auskunftsstelle an der Universität und Lektor der deutschen Sprache daselbst, Direktor des deutschen Instituts für Ausländer (Böttinger-Studienhaus), Officier de l'Instruction publique, Berlin NW. 7, Bauhofstr. 7. *(Mo, Do 11-12 in der Universität.)* 108

VII. Lehrer für Stenographie.

64. Coprian, Heinrich, Lehrer, Berlin N. 58, Am Falkplatz 3 (System Stolze-Schrey). *(Vor den Übungen.)* 119, 120

B.

Institute und Seminare.

1. Physikalisches Institut.

(I. Stock links.)

Direktor: Professor Dr. Martens (s. A. Nr. 6).
Assistent: Dr. Moeller, Charlottenburg, Pestalozzistr. 4.
Mechaniker: Horch, Lichtenberg, Frankfurter Chaussee 154.

2. Chemisches Institut.

(II. Stock links.)

Direktor: Professor Dr. Binz (s. A. Nr. 1).
Institutsassistenten: Dr. Grünewald, Berlin C. 25, Münzstr. 7.
Dr. Limpach, Halensee, Kronprinzendamm 7.
Privatassistent: Dr. Schädel, Berlin W. 15, Ludwigskirchstr. 12.
Institutsdiener: Köster, Berlin C. 2, Heiligegeistgasse 10-11.

3. Handelswissenschaftliches Seminar.

(Erdgeschoß rechts, Zimmer 3 und 4.)

Direktoren: Professor Dr. Hellauer (s. A. Nr. 3).
Professor Leitner (s. A. Nr. 5),
Professor Dr. Schär (s. A. Nr. 8),
Privatassistenten von Professor Leitner: cand. phil. et jur. Luc. Wiernik D.H.H.B., Schöneberg, Bamberger Str. 30 und cand. phil. et jur. Schilling-Voss, Charlottenburg, Charlottenburger Ufer 63.
Privatassistent von Professor Dr. Schär:
Maschinenschreiberin: Frl. Ziese, Friedenau, Handjerystr. 29.

4. Volkswirtschaftlich-juristisches Seminar.

(I. Stock links, Zimmer 105.)

Direktoren: Professor Dr. Sombart (s. A. Nr. 9),
Professor Dr. Eltzbacher (s. A. Nr. 2).

5. Geographisches Seminar.

(I. Stock rechts, Zimmer 126.)

Direktoren: Professor Dr. Tiessen (s. A. Nr. 44).
Professor Dr. Wegener (s. A. Nr. 45).

6. Seminar für Handelslehrer.

(I. Stock rechts, Zimmer 124.)

Direktor: Geheimer Regierungsrat Dr. Kühne (s. A. Nr. 29).

7. Handels-Hochschul-Seminar für fremde Sprachen.

(I. Stock links, Zimmer 107.)

Direktor: Dr. Spies (s. A. Nr. 10).

8. Astronomisch-geographische Übungsstation.

(Heiligegeiststr. 1, Eckeingang.)

Direktor: Professor Dr. Marcuse (s. A. Nr. 33).
Privatassistent: Ingenieur W. Lindt, Charlottenburg, Eosanderstr. 9.

C.

VERZEICHNIS
der Vorlesungen und Übungen
die im
Sommer-Semester 1913
an der
Handels-Hochschule Berlin
gehalten werden.

I. Allgemeine Einführung in die Studien.

Dozent:

(1.) Encyclopädie des gesamten Handels-Hochschul-Studiums — *Fr 10-11* . . . . Jastrow

1. Allgemeiner Überblick. — Die wichtigsten Ratschläge für erfolgreiche Benutzung des ersten Semesters. — 2. Einführung in das Studium der wirtschaftlich-juristischen Fächer, einschließlich der Handelswissenschaften. — Historisch-geographische Fächer. — Einiges über die Naturwissenschaften und ihre Stellung im Studienplan. — Sprachstudien und Sprechübungen (fremde Sprachen; Beherrschung der Muttersprache, namentlich im rednerischen Gebrauch). — Allgemeine Bildung und Fertigkeiten. — 3. Verteilung des Unterrichtsstoffes auf vier Semester. Studienpläne. Verwendung der Ferien. — 4. Spätere Fortbildung nach Verlassen der Handels-Hochschule. Kenntnis der Hilfsmittel für selbständige Fortbildung.

II. Handelswissenschaften.

Betriebslehre des Handels und einzelner Handelszweige.

(2.) Allgemeine Handelsbetriebslehre — *Mi 8-10 Vorm.* Schär

Einführung in das Studium der Handelswissenschaften, insbesondere in die Betriebslehre; ihre wissenschaftliche Grundlage. Wesen und Begriff des Handels. Welthandel, Weltmarkt und Weltwirtschaft. Das ökonomische Prinzip

Dozent:

als Leitmotiv des Handels. Allgemeine und abgeleitete Grundsätze für den Handelsbetrieb. Die Lehre vom Einkauf und Verkauf. Die Lehre vom Umsatz. Die Betriebskosten. Der Handelsbetrieb unter dem Einfluß der Entwicklungstendenzen im Handel (Groß- und Kleinbetrieb, Konkurrenz, Koalition, Spekulation, Konjunktur). Anwendung der Betriebsgrundsätze auf die Arten und Zweige des Handels. Die Unternehmungsformen; die Betriebsmittel (Eigen- und Fremd-Kapital). Kreditversicherung, Organisation der kaufmännischen Arbeit.

(3.) Allgemeine Welthandelslehre: Die Geschäftsdurchführung im Warenhandel — *Mo 11-1* . Hellauer

1. Die Geschäftsdurchführung im Effektivhandel.
   a) Die Fakturierung: Fakturenklauseln, Berechnung; Überblick über das internationale Maß- und Gewichts-, sowie Geldwesen (auf historischer Grundlage).
   b) Der Nachrichten- und Güterverkehr: Telegraphen- und Postverkehr, Eisenbahn- und Schiffsfrachtverkehr, Güterumschlag- und Lagerhausverkehr, Transport- und Feuerversicherung, Zollverkehr, Speditionsgeschäft.
   c) Der Kredit- und Zahlungsverkehr.
2. Wesen, Organisation und Geschäftsdurchführung des börsenmäßigen Terminhandels.

(4.) Spezielle Betriebslehre: Bank- und Börsengeschäfte — *Di 10-12, Do 11-12* . . . . Leitner

Organisation des Kreditverkehrs. Die Banken, ihre Aufgaben und Geschäfte. Aktive und passive Kredit- und Darlehnsgeschäfte; die Zahlungsvermittelung; Depot- und Depositengeschäft usw.

Die rechnerischen Grundlagen des Bankverkehrs.

Die Gegenstände des Effektenbörsenhandels. Die Wertpapiere, ihre Fundierung und Emission. Börsenpreis, Kursfeststellung. Börsengeschäfte in Effekten und ihre Erfüllung. Kassa-, Zeit-, Prämiengeschäfte. Skontrierung. Technik der Reportierung.

Banken und Börse. Börsenkunden. Effektengeschäfte der Banken. Geldverkehr an der Börse.

(5.) Spezielle Betriebslehre: Der Industriebetrieb — *Mi 8-10 Vorm.* . . . . Leitner

Einleitung; I. Betriebstechnik: Organisation des Kapitals; Kreditquellen. Technische Ökonomik. Verwaltungstechnik (kaufmännische und technische Verwaltung, ihre Arbeitsgebiete); Materialverwaltung etc. Organisation der Arbeit und der Arbeiter. Löhnungsmethoden. Tarifgemeinschaften. Arbeiterausschüsse. Fabrikordnungen. Organisationspläne.

II. Verkehrstechnik: Organisation des Absatzes. Produzentenhandel. Organe des unmittelbaren Absatzes und der Absatzvermittelung. Kartelle, Syndikate; ihre Betriebstechnik und privatwirtschaftliche Bedeutung.

III. Verrechnungstechnik: Fabrikbuchführung, Organisation der Selbstkostenberechnung. Die Probleme. Kalkulationstypen und -formen. Massenproduktion, Massenspezial- und Spezialfabrikation. Kostenanalyse, Rentabilitätsberechnungen. Betriebsstatistik und -Buchführung. Fabrikbilanzen.

(A) vor Übungen = „Aufnahme vorher bei dem Dozenten nachzusuchen".

Dozent:

(6.) Spezielle Welthandelslehre: Der Handel in und mit Übersee (einschl. des näheren Orients) — *Mi 10-12* . . . . Hellauer

Handelseinrichtungen und allgemeine Handelsverhältnisse, Organisation und Technik des Handels in den einzelnen Handelsgebieten und im Verkehr mit denselben.

(7.) Der Zahlungsverkehr — *Mi 11-12* . . . . . Schär

Der moderne Zahlungsverkehr: 1. Geld als Zahlungsmittel; Begriff und Funktionen des Geldes; vergleichende Zusammenstellung der Geldverhältnisse der Handelsvölker; Goldwährung als Weltwährung; Silberwährung. — 2. Die surrogativen Zahlungsmittel; Banknote, Papiergeld, Wechsel. — 3. Zahlung durch Vermittelung Dritter auf Grund von Gelddepots in gemeinsamen Kassen: Scheck, Auszahlung, Giro. — 4 Lokaler, nationaler und internationaler Zahlungsausgleich durch Verrechnung (Clearing). — 5. Kombinierte Zahlungssysteme (englisches, amerikanisches, Hamburger Zahlungssystem). — 6. Zahlungsbilanz und Wechselkurse.

Einzelne Handelszweige.

(8.) Die chemische Industrie. (Für Fabrikanten, Kaufleute, Juristen, Beamte usw.) — *Fr 7-8* . Binz

Definition der chemischen Industrie im engeren und im weiteren Sinne.

Das Metallgewerbe und sein Einfluß auf die chemische Industrie alter und neuer Zeit: Extraktion goldhaltiger Gesteine. Gold- und Silberscheidung. Kupfer, Zinn, Blei, Zink und andere Metalle in der chemischen Industrie.

Beziehungen zwischen Textilindustrie und chemischer Industrie; Import amerikanischer Baumwolle, Entwicklung der Baumwollbleiche gegen 1800 und der Fabrikation von Schwefelsäure, Soda und Chlorkalk als Grundlage der anorganischen Großindustrie. — Einfluß der Kontinentalsperre. — Liebig und die Kunstdüngerindustrie.

Die Entwicklung der organischen Großindustrie: Die Erforschung des Steinkohlenteers. — Hofmann und Kekulé. — Die neueste Zeit: Ersetzung natürlicher Produkte durch künstliche: Alizarin, Indigo, Kampfer. — Das deutsche Patentamt. — Die Anwendung der Elektrizität in der chemischen Industrie.

(9.) Die Organisation des deutschen Buchhandels — *Do 8-9 Abends* . . . . Paschke

Entwicklungsgeschichte des deutschen Buchhandels. — Die Betriebsformen des deutschen Buchhandels: Verlag, Sortiment, Kolportage und Reisebuchhandel, Kommissionsgeschäft und Barsortiment. — Der buchhändlerische Geschäftsverkehr: Der Verkehr über den Kommissionsplatz; die Verkehrseinrichtungen in Leipzig und Berlin. — Die Bezugs- und Lieferungsformen. — Die Jahresabrechnung (Buchhändlermesse) — Der Verkehr mit dem Publikum: Der Schutz des Ladenpreises.

vgl. die einzelnen Abschnitte dieser Abteilung sowie Abt. III und IV.

siehe unter „Handelswissenschaftliches Seminar“.

Der Auditorienzettel erscheint vor Beginn des Semesters.

Dozent:

Andere Geschäftszweige.

Ferner finden sich Vorlesungen über Gegenstände einzelner Handels- und Industriezweige in anderen Abteilungen, so über Kolonialhandel und Versicherungsgeschäft in Abt. III, über Eisenbahnen und andere mit dem Speditionsgewerbe zusammenhängende Gegenstände in Abt. III und IV, über Metall- und Elektrizitätsgewerbe, chemische Industrie usw. in Abt. VI, über Kunstgewerbe in Abt. IX.

Über die zu Ende des Winter- und zu Anfang des Sommersemesters in der Aula der Handels-Hochschule stattfindenden »Gewerblichen Einzelvorträge« von Vertretern der Praxis aus Handel und Industrie wird ein besonderer Prospekt ausgegeben.

Buchhaltung.

(10.) Das Ganze der systematischen Buchhaltung — *Di 12-1, Fr 11-1* . . . . Schär

Theoretischer Teil. Entwicklung der Grundbegriffe der Buchhaltung an einer Musterdarstellung. Einführung in Geschichte und Theorie der Buchhaltung. Zweck, Mittel und Methoden der systematischen Buchhaltung. Ableitung der Kontensysteme. Eingangsbilanz, Geschäftsgang und Schlußbilanz; Kontrolle.

Praktischer Teil: Ableitung und kritische Vergleichung der in der Praxis vorkommenden Formen der doppelten Buchhaltung (amerikanische, italienische, deutsche, französische Form und ihre Kombinationen). Die Organisation der Buchhaltung, insbesondere Anpassung der Buchhaltung an die verschiedenen kaufmännischen und industriellen Betriebe und die gesellschaftlichen Unternehmungsformen. Gründungs-, Fusions- und Liquidationsbilanzen; Zwischenbilanzen und Filialbuchhaltung. Kalkulatorische Buchhaltung. Vergleichung der kameralistischen und der kaufmännischen Buchhaltung. Rechts- und Streitfragen aus dem Gebiete der Buchhaltung usw.

(11.) ([A]) Einführung in die Buchhaltung (Vorbereitungskurs für Studierende ohne Vorkenntnisse) — *Sb 8-10 Vorm.* . . . . Gerstner

Wesen und Grundbegriffe der Buchhaltung und ihre Beziehungen zu Wirtschaft und Recht. Die Handelsbücher. Die Konten. Die Technik des Buchens. Die Vermögensrechnung, die Erfolgsrechnung und ihre Verbuchung. Die Anwendung der Grundsätze ordnungsmäßiger Buchführung nach den verschiedenen Buchhaltungsmethoden, veranschaulicht an kurzen, typischen Geschäftsgängen mit jeweiligem Abschluß. Inventarisierung und die Technik der Bilanzierung. Übungen.

(12.) Abschlußtechnik (für Fortgeschrittene) *Mo 8-9 Vorm.* . . . . Gerstner

Der Bücher- und Kontenabschluß im allgemeinen. Vorbereitungen und Voraussetzungen. Bedeutung charakteristischer

(A) vor Übungen = „Aufnahme vorher bei dem Dozenten nachzusuchen".

Dozent:

Konten und deren kritische Beurteilung. Arten des Abschlusses erläutert an Beispielen für Einzelfirmen und Gesellschaftsfirmen verschiedener Branchen. Wiedereröffnen der Konten und Bücher. Abschlüsse aus besonderen Anlässen, wie Umwandlungen, Liquidationen, Konkursen.

(13.) (A) Buchhaltungsseminar — *Do 8-10 Vorm.* . . Leitner

Besprechung und Verbuchung schwieriger Fälle der Buchhaltung verschiedener Geschäftszweige. Kurze Referate über einzelne Fragen der Organisation des Rechnungswesens (z. B. Kontrolle, Zuverlässigkeit, Kalkulationsbuchhaltung, Kritik der Formen und der Kontentheorien; Kontenwahl in gegebenen Fällen u. a.).

Voraussetzung der Aufnahme ist, daß die grundlegende Vorlesung — Theorie und Technik der Buchhaltung oder das Ganze der systematischen Buchhaltung — bereits gehört ist.

Kaufmännische Arithmetik usw.

(14.) Die Kalkulation im Warenhandel (mit Übungen) — *Do 10-12* . . . . Hellauer

Die handelstechnischen Grundlagen der Warenkalkulation. Preisparitäten und Paritätstabellen. Ein- und Verkaufskalkulationen mit kritischer Betrachtung verschiedener Methoden. Die Grundzüge der Produktionskalkulation.

— Besprechungen und Übungen über Banktechnik, vornehmlich Bankrechnen — *Mi, Do 12-1* (Inhaltsangabe siehe Seite 16) . . . . . . Hellauer

(15.) Einführung in das kaufmännische Rechnen, verbunden mit Übungen — *Mi 4-6* . . . . Mantzke

Methodische Einführung in das kaufmännische Rechnen. Umrechnung ausländischer Münzen, Maße und Gewichte. Rechnungsvorteile. Schlußrechnung, Proportion, Kettensatz. Prozentrechnung und ihre praktische Anwendung: Zins- und Diskont-Rechnung. Terminrechnung. Einführung in die Technik der Kontokorrentrechnung.

(16.) Die mathematischen Grundlagen der Rechnungen im Bankgeschäft — *Mo 6-7* . . . . Ziegel

Herleitung der Zinsen- und der Zinseszinsformel. Berechnung der Zinsen im Kontokorrentverkehr. Mathematischer und kaufmännischer Diskont. Berechnung von Zeitrenten (Annuitäten). Tilgungsgleichung der Anleihen. Aufstellung und Erörterung des Tilgungsplans.

(17.) Technik der Anleihen — *Mi 7-8* . . . . . . Ziegel

Mathematische Hilfsmittel. Tilgung von Anleihen durch Ansammlung eines Tilgungsfonds sowie durch gleichbleibende und steigende Jahresleistungen. Tilgung von Obligationen mit und ohne Agio. Konvertierung von Anleihen. Berechnung von Anleihekursen, Rentabilitätswerten und Kursparitäten.

Der Auditorienzettel erscheint vor Beginn des Semesters.

Dozent:

Seminar.

(18.) Handelswissenschaftliches Seminar — *Di 9-11* . Schär

a) Kolloquium über die Handelsbetriebslehre.

b) Übungen, Vorträge, Disputationen, Repetitorien aus dem gesamten Gebiete der allgemeinen und praktischen Handelsbetriebslehre; Besprechung einschlägiger Zeit- und Streitfragen, sowie der neuen Literatur. Laufende Erhebungen über einzelne Erscheinungen aus dem Waren- und Kapitalmarkt usw.

Bei großem Andrang behält sich der Direktor eine Zweiteilung vor.

(19.) (*A*) Handelswissenschaftliches Seminar . . . . Leitner

I. Handelswissenschaftliches Seminar (I) für Vorgerückte — *Mi 10-11*

Referate über größere privatwirtschaftliche Arbeiten, Diskussionen usw.

II. Privatwirtschaftl. Übungen (Seminar II) — *Di 5-7*

a) Abteilung für Bankkaufleute, | b) Abteilung für Waren- u. Industriekaufleute } abwechselnd 14 tägig

(20.) Handelswissenschaftliches Seminar — *Di 10-12* Hellauer

Kolloquiumweise Repetitorien aus Gebieten der Welthandelslehre. Systematische Erweiterung und Vertiefung des Einblickes in Organisation und Technik des Handels, speziell des Warenhandels, durch kurze Referate und darin anschließende Diskussion. Betriebstechnisch-praktische Übungen. Anleitungen zu wissenschaftlichen Arbeiten; Vorträge und Diskussionen über dieselben.

(21.) Besprechungen und Übungen über Banktechnik, vornehmlich Bankrechnen — *Mi, Do 12-1* . Hellauer

Repetitorien aus den Hauptgebieten der Banktechnik mit Berücksichtigung der Usancen auf den Hauptplätzen des in- und ausländischen Bankgeschäftes. Rechnerische Übungen, insbesondere über Wechsel-, Effekten-, Valuten und Edelmetallgeschäfte einschließlich des Arbitrageverkehrs.

(22.) (*A*) Exportkolloquium — *Do 6-7* . . . . . . Hecht

Kolloquium über die Organisation und Technik der Exportgeschäfte und das Verhältnis des Exporthandels zur Industrie.

III. Volkswirtschaftslehre und verwandte Fächer.

Vgl. auch Abt. IV. — Wirtschaftsgeschichte vgl. auch Abt. V und IX.

(23.) Allgemeine Nationalökonomie — *Mi, Do 12-2* . Sombart

I. Elemente des Wirtschaftslebens überhaupt: Wirtschaft; Produktion; Verteilung; Konsumtion; Ordnung des Wirtschaftslebens.

II. Das System der heutigen Verkehrswirtschaft: Der Markt und seine Erscheinungen (Geldwesen — Kreditwesen — Preisbildung). — Die Unternehmung. — Der

(A) vor Übungen = „Aufnahme vorher bei dem Dozenten nachzusuchen".

Dozent:

Rythmus der modernen Verkehrswirtschaft (Lehre von der Konjunktur, von Hausse- und Baisseperioden, von Krisen usw.). — Der Verteilungsprozeß (Lehre vom Arbeitslohn, von Kapitalzins, Unternehmergewinn, Grundrente usw.).

(24.) Praktische Nationalökonomie — *Di, Fr 8-10 Vorm.* Jastrow

Historische Entwicklung der Volkswirtschaftspolitik vom Mittelalter bis zur Gegenwart. — 1. Innere Volkswirtschaftspolitik a) Agrarpolitik; Beseitigung von Entwickelungshindernissen; positive Aufgaben (Besitzverteilung, Betriebsverbesserungen, Versicherung, Kredit, Genossenschaften usw.). — b) Gewerbepolitik: Gewerbefreiheit und Gewerbebeschränkungen; Gewerbeförderung; gewerbliche Arbeiterfrage und Arbeiterschutz. — c) Handelspolitik: Handelsfreiheit und Handelsbeschränkungen; Handelsförderung (Märkte, Messen, Börsen, Handelsgerichte, Handelsschulen, Handelsvertretungen usw.). — 2. Äußere Volkswirtschaftspolitik. („Handelspolitik"): a) Allgemeiner Überblick. — b) Insbesondere Maßregeln zur Beeinflussung der Warenzüge: Einfuhrzölle (Zolltarif, Zollgesetz, Handelsverträge, Zollerleichterungen); Exportprämien.

(25.) Handelspolitik und Weltwirtschaftspolitik — *Fr 6-7* . . . . Kuczynski

Begriffliches. — Die merkantilische Lehre. — Der Merkantilismus in England. — Der Merkantilismus in Deutschland. — Die Freihandelslehre. — Der Freihandel in England. — Die Abkehr vom Merkantilismus in Preußen. — Die schutzzöllnerische Bewegung in Preußen (List). — Die deutsche Freihandelsbewegung. — Der Übergang Deutschlands zum Freihandel. — Der Übergang Deutschlands zum Schutzzoll. — Die Schutzzollpolitik der 80er Jahre. — Die Handelspolitik Caprivis. — Die Handelspolitik Hohenlohes. — Die deutsche Handelspolitik im 20. Jahrhundert.

(26.) Französische Wirtschaftsgeschichte — *Fr 5-6* . Kuczynski

1. Frankreich vor der großen Revolution: Prähistorische Zeit. — Römische Zeit. — Das Aufkommen des Feudalstaates. — Die kommunale Revolution. — Der hundertjährige Krieg. — Renaissance und Religionskriege. — Heinrich IV und Ludwig XIV. — Ludwig XV und Ludwig XVI. — 2. Das moderne Frankreich: Bevölkerungsfragen. — Landwirtschaft. — Industrie. — Handel. — Verkehr.

(27.) Die Grundzüge der modernen Gesellschaft — *Di 8-9 Abends* . . . . Sombart

I. Die Entwickelung der modernen Technik. II. Die Bevölkerung. 1. Die Zunahme der Bevölkerung 2. Die örtliche Umschichtung der Bevölkerung. 3. Ursprung und Wesen der modernen Stadt. III. Die Gliederung der Bevölkerung nach Beruf und Besitz. IV. Die sozialen Klassen. 1. Begriff und Wesen der sozialen Klasse. 2. Die einzelnen sozialen Klassen.

(28.) Das Geldwesen — *Di 7-8* . . . . v. Bortkiewicz

I. Das Metallgeld. Entstehung. Funktionen. Volkswirtschaftliche Bedeutung. Münzhoheit und Münzregal. Währungsmünzen und Scheidemünzen. Metallwert, Nennwert, Kurswert der Münzen. „Vollwertigkeit" der Währungsmünzen als praktisches Postulat.

Der Auditorienzettel erscheint vor Beginn des Semesters.

Dozent:

II. Die Geldersatzmittel und das Papiergeld. Beziehungen zwischen Zahlungsverkehr und Kreditverkehr. Wechsel, Schecks, Giro, Abrechnungsstellen. Banknoten. Papiergeld und Papierwährung. Wiederherstellung der Valuta.

III. Der Geldwert. Äußerer und innerer Geldwert. Preisniveaubestimmungen (Indexziffern). Die für den Geldwert maßgebenden Faktoren. Abhängigkeit des internationalen Handelsverkehrs von der Gestaltung des Geldwertes in den am Handel beteiligten Staaten. Stabilität des inneren Geldwertes als Forderung der Geldpolitik.

(29.) Staatliche Gewerbeförderung, mit besonderer Berücksichtigung des gewerblichen Unterrichtswesens — *Sb 9-10 Vorm.* . . . . . v. Seefeld

Grundsätzliche Richtung der staatlichen Gewerbeförderung in der Zunftzeit und nach Einführung der Gewerbefreiheit. Übersicht über die staatlichen Maßregeln zur Erleichterung und Sicherung der gewerblichen Produktion und des Verkehrs.

Gewerbliches Schulwesen (Fortbildungsschulen für die männliche und die weibliche Jugend, Fachschulen). Hochschulen (Technische Hochschulen, Bergakademien, Handels-Hochschulen), Gewerbeförderung im engeren Sinne (Meisterkurse, Ausstellungshallen, Genossenschaftswesen).

(30.) Statistische Übungen — *Do 6-7* . . . . . . Rahts

In den Übungen sollen verschiedene statistische Aufgaben aus den Gebieten der Bevölkerungslehre, der Wirtschaftsstatistik und der Arbeiterstatistik behandelt, sowie Methoden der Beschaffung und statistischen Bearbeitung des Urmaterials besprochen werden. Insbesondere soll auf die gangbaren Quellen (Jahrbücher etc.), aus denen statistisches Material entnommen werden kann, und auf die Art, wie dies Material gewonnen worden ist, hingewiesen werden.

(31.) Bank- und Börsenwesen — *Di 8-9 Abends* . . Somary

1. Die großen Notenbanken. Die Art der Entstehung von Giroeinlagen, Wechsel- und Lombardkredit. Die Notenausgabe. Die Diskontpolitik, ihre Wirkung und Grenzen. Die Organisation der Notenbanken. Beurteilung der Bankausweise.
2. Die Kreditbanken. Aktiv- und Passivgeschäfte in ihrer volkswirtschaftlichen Bedeutung. Konditionen und Konditionvereinbarungen. Die Zinssätze des offenen Geldmarkts. Die Geldleihe vom und in das Ausland. Betriebs- und Investitionskredit. Die für die Liquidität und Rentabilität entscheidenden Gesichtspunkte.
3. Die Hypothekenbanken. Angebot und Nachfrage auf dem Hypothekenmarkt, Zinssätze, wirtschaftliche Bedeutung des Hypothekarkredits.
4. Die Effektenbörse. Die Geschäfte der Effektenspekulation. Die Beurteilung des momentanen Werts eines Effekts. Die für die Kursbildung entscheidenden Momente. Das Kalkül des Anlegers und jenes des Spekulanten. Die Stellung der Banken zur Börse. —

Besondere Hervorhebung aktueller Streitfragen: Die Ursachen der zeitweisen starken Inanspruchnahme der Reichsbank. Die Ausgabe kleiner Noten. Stabiler oder elastischer Banksatz. — Konditionskartelle im Ausland, Bestrebungen

Dozent:

nach deutschen Kartellen und Wirkung von Bankkartellen. Bedeutung des Akzeptkredits.

Die Wirkung des Kredits auf die Preise.

Voraussetzungen und Wirkungen der Spekulation. — Bedeutung der Konzentration der Unternehmungen für die Börse.

Die Vorlesung ist konversatorisch, d. h., die letzten 15 Minuten sind für Fragen der Zuhörer reserviert.

(32.) ([A]) Bankseminar — *Fr 7-9* (14tägig) . . . . Somary

Gruppe A. Für die Teilnehmer des Seminars im Wintersemester: Vortrag der Ergebnisse der einzelnen Untersuchungen über die Zinsfragen und Besprechung der von verschiedenen Ausgangspunkten gewonnenen Resultate.

Gruppe B (für Neueintretende). Die Art der Konzentration des Bankwesens in den verschiedenen Staaten. Die Bedeutung des Notenbankmonopols für die Konzentration (unter Berücksichtigung der Arbeiten der National Monetary Commission). Gegensatz zwischen der französischen und englischen und der deutschen und österreichischen Organisation. Die Wirkungen der Organisation des Bankwesens auf den Blankokredit, die Industriefinanzierung, die Vermögensanlage. Vergleich der Bilanzen der großen Berliner, Pariser, Londoner, New Yorker, Wiener und Schweizer Banken.

(33.) ([A]) Wirtschaftspolitische Übungen — *Mi 6-8* . Kriele

Einleitende Vorlesungen über: Die geistige Arbeit mit sprachlichem Ausdruck. — Seminaristische Übungen zur gutachtlichen und verwaltenden Tätigkeit der Interessenvertretungen. Darstellung und Geltendmachung von Interessen.

In diesem Semester werden die wirtschaftlichen Verhältnisse in Sibirien, der Mongolei und der Mandschurei behandelt werden.

(34.) ([A]) Volkswirtschaftliche Übungen. . . . . . Jastrow

a) Übungen im Volkswirtschaftlichen Seminar, im Anschluß an „Textbücher, Band 3: Adam Smith (Berlin, G. Reimer, 1913)" — *Fr 3-5*

b) Kolloquium über wirtschaftliche Tagesfragen, in noch zu bestimmenden Stunden.

Neuanmeldungen finden nur zu a) statt und haben zur Voraussetzung, daß die volkswirtschaftlichen Hauptvorlesungen mit Erfolg gehört sind.

(35.) ([A]) Übungen im Volkswirtschaftlichen Seminar — *Mi 4-6* . . . . Sombart

Kolonialwesen.

(Ortsbestimmung in Kolonien s. Abt. V.)

(36) Koloniale Probleme der Gegenwart — *Di 7-8* . Köbner

Die Organisation des Kapitals in den Kolonien: Einzelunternehmung und Kapitalsassoziation. Wirtschaftliche Aufgaben und rechtliche Formen der Kolonialgesell-

Dozent:

schaften. Die Einteilung des Aktienkapitals. — Das koloniale Bodenproblem: Grundfragen der kolonialen Landpolitik. Die Bodenpolitik der Engländer, Franzosen, Holländer und Belgier. Die Landfrage in den deutschen Schutzgebieten. Zusammenhänge zwischen Bodenpolitik und Eingeborenenpolitik. — Koloniale Verkehrs- und Handelspolitik: Technisches Verkehrswesen, insbesondere Eisenbahnwesen. Koloniales Münz- und Bankwesen. Koloniale Handels- und Zollpolitik. — Koloniales Finanzwesen: Reichszuschüsse und eigene Einnahmen der Kolonien. Steuerpolitik. Arten der kolonialen Ausgaben. Vergleiche mit den englischen, französischen und holländischen Kolonialetats. — Probleme der kolonialen Selbstverwaltung. Englisches, französisches, holländisches System. Die Entwickelung der Selbstverwaltung in den deutschen Kolonien.

(37.) Deutsche Kolonialwirtschaft — *Mi 7-9* . . . Rohrbach

Unsere kolonialpolitischen Anfänge. Die Verwaltung Dr. Stübels. Die Dernburgsche Periode. Kolonialpolitische Grundfragen: Besiedelung, Eingeborenenfrage, Rassenproblem. Das nationalpolitische und das kommerzielle Prinzip. Südwestafrika: Farmwirtschaft, Viehzucht, Mineralvorkommen, Organisation des Exports. Kamerun und Togo: Klimatisch-physikalische Verhältnisse, Plantagenwirtschaft und Volkskultur, Verkehrs- und Verwaltungsfragen. Ostafrika: Natürliche Wirtschaftsbedingungen, Verkehrs- und Entwicklungslinien. Besiedelungsfähigkeit. Eingeborenenkultur. Kiautschou: Wirtschaftliche Entwicklung und kulturpolitische Bedeutung des Platzes. Wirtschaftsgeographische Übersicht der Südseekolonien. Zusammenfassender Überblick über das deutsche Kolonialwesen.

(38.) Kolonialpolitik — *Fr 9-10 Vorm.* . . . . . Zoepfl

1. Einführung; Wesen und Arten der Kolonien; Zweck und Wert der Kolonien und der Kolonialpolitik; Theorien und politische Parteien; Literatur.
2. Allgemeine Voraussetzungen der Kolonisation und allgemeine Aufgaben der Kolonialpolitik.
3. Koloniale Verwaltungspolitik; Staats- und völkerrechtliche Stellung der Kolonien; Verwaltung durch privilegierte Gesellschaften; staatliche Verwaltung nach den Grundsätzen der Unterwerfung, der Selbstverwaltung und der Angliederung an das Mutterland; Organisation der Zentral- und Lokalverwaltungen; einzelne Aufgaben der Verwaltung.
4. Koloniale Wirtschaftspolitik; Geld- und Kreditwesen, Währungs- und Bankpolitik; Verkehrspolitik; Produktions- und Handelspolitik.
5. Koloniale Finanzpolitik.

(39.) Ausgewählte Kapitel aus der allgemeinen Völkerkunde (mit Lichtbildern) — *Mo 8-9 Abends* . v. Luschan

Kenntnis und Herstellung des Feuers. Schmuck, Haartracht, künstliche Verunstaltung des menschlichen Körpers. Genußmittel. Musik. Geldsurrogate. Keramik. Flechten, Weben, Rindenzeug. Steinwerkzeuge, Metalltechnik, Herkunft der Eisentechnik.

(A) vor Übungen = „Aufnahme vorher bei dem Dozenten nachzusuchen“

Dozent:

Versicherungslehre.

(40.) Allgemeine Versicherungslehre — *Do 7-9* . . v. Liebig

Die Entstehung und Entwickelung des Versicherungsgedankens. — Die wirtschaftliche Bedeutung der Versicherung. — Die verschiedenen Versicherungssysteme. — Die Versicherungstechnik. — Die Versicherungsstatistik. — Die Versicherungsverbände. — Die Rückversicherung.

(41.) Die wichtigsten Versicherungszweige (mit Ausnahme der Lebensversicherung) — *Sb 12-1* . Manes

Feuerversicherung, Transportversicherung, Unfallversicherung, Haftpflichtversicherung, Rückversicherung: die geschichtlichen, technischen, rechtlichen und wirtschaftlichen Grundlagen dieser Zweige, ihre Organisation, ihre Bedeutung für Handel und Industrie.

(42.) Lebensversicherung — *Sb 11-12* . . . . . . Manes

Werden und Wesen der Lebensversicherung. Ihre wirtschaftliche und soziale Bedeutung. Ihre Arten, insbesondere Kapital- und Rentenversicherung, Volksversicherung, Pensionsversicherung usw. Technische und rechtliche Grundlagen. Fragen der Organisation. Verhältnis der privaten zur öffentlich-rechtlichen und zur sozialen Lebensversicherung.

(43.) Versicherungspraktikum mit besonderer Berücksichtigung der Lebens- und der privaten Unfall- und Haftpflichtversicherung — *Fr 7-9* (14tägig) v. Liebig

Besprechung der allgemeinen Versicherungsbedingungen. — Aufnahme von Versicherungsanträgen. — Beurteilung der Risiken. — Schadenregulierung. — Besprechung von Bilanzen.

(44.) Versicherungsübungen (für Anfänger) — *Sb 10-11* Manes

Die Versicherung im Dienste des Kaufmanns. — Praktische Ratschläge für die Nutzanwendung der privaten wie der sozialen Versicherungszweige. — Erörterung einzelner für kaufmännische Angestellte wichtiger Versicherungs-Probleme. — Eventuell Besichtigungen.

(45.) Recht des Versicherungsvertrages — *Mo 7-8* . Hager

Allgemeines. — Übersicht über das Reichsgesetz über den Versicherungsvertrag vom 30. Mai 1908. — Die Arten der Versicherungsverträge. — Grundbegriffe. — Der Abschluß des Vertrages. — Die Prämie. — Anzeigepflicht und Gefahrerhöhung. — Der Versicherungsfall.

(46.) Sozialversicherung unter Berücksichtigung der Versicherung für Angestellte — *Mo 8-9 Abends* Hager

Allgemeines über die öffentliche Kranken-, Unfall- und Invalidenversicherung. — Der Kreis der versicherten Personen; die Aufbringung der Mittel; die Versicherungsbestimmungen. — Das Versicherungsgesetz für Angestellte.

Genossenschaftslehre.

(47.) Aus der Praxis der Genossenschaften — *Do 5-6* Crüger

Die Entwickelung und der Stand des Genossenschaftswesens, betrachtet auf Grund wichtiger Vorgänge auf dem Gebiete des Genossenschaftswesens; unter Anderem kommen

Dozent:

zur Sprache: Zentralisation und Dezentralisation; — die beschränkte Haftpflicht; — der Zusammenschluß von Genossenschaften zu Genossenschaften; — die Zentralbank unter besonderer Berücksichtigung der Erfahrungen bei den landwirtschaftlichen Genossenschaften; — mißbräuchliche Anwendung der Genossenschaften; — die Folgen der gesetzlichen Beschränkungen des Geschäftsbetriebes; — die Stellung der Sozialdemokratie zum Genossenschaftswesen; — Erfahrungen mit den Baugenossenschaften; — Stellung des Handels zum Genossenschaftswesen; — staatliche Förderung des Handwerkergenossenschaftswesens und ihre Erfolge; — die Revision.

(48.) Übungen im Genossenschaftswesen — *Do 6-8*. Crüger

Besprechung des Wesens und Zwecks der genossenschaftlichen Organisation; — von Organisations- und Gesetzgebungsfragen; — wichtige Vorgänge aus der Geschichte des Genossenschaftswesens. Erwünscht ist, daß die Teilnehmer ganze Referate übernehmen.

Eisenbahnverkehr.

Vorträge mit ziffermäßigen Erläuterungen und praktischen Übungen.

(49.) Eisenbahnverkehrs- und Tarifwesen — *Mi 8-9 Abends* . . . . J. Hoffmann

Geschichtlicher Rückblick auf die Entstehung der deutschen Eisenbahnen. (Privatbahnen, Staatsbahnen, Reichsbahnen.) Die Betriebsmittel der Eisenbahnen (Staatsbahn-Wagenverband pp.). Verwaltungseinrichtungen der deutschen Eisenbahnen. — Das deutsche Eisenbahn-Gütertarifsystem, seine Entstehung und Fortbildung bis in die neueste Zeit (formelle Einheit). — Ständige Tarifkommission, Ausschuß der Verkehrsinteressenten. — Ziffermäßige Gestaltung der Gütertarife, regelrechte Kilometertarife, Stationstarife, Schnittarife, Staffeltarife (materielle Einheit). — Allgemeine Tarifvorschriften. — Ausnahmetarife, Differentialtarife. — Landeseisenbahnrat, Bezirkseisenbahnräte. — Die wichtigeren Bestimmungen der Eisenbahnverkehrsordnung über die Beförderung von Gütern. In Verbindung hiermit die für den Eisenbahnverkehr in Betracht kommenden wichtigeren zoll- und steuergesetzlichen Bestimmungen, sowie die im Verwaltungswege hierzu erlassenen Vorschriften (Deklaration, Begleitschein I, Begleitschein II, Ladungsverzeichnis, Übergangsschein, An- und Abmeldung zu und von den Niederlagen, Zollbefreiungen, Zollerleichterungen usw.). — Eisenbahngeographie. — Die deutschen Binnen- und Verbandstarife und ihre praktische Anwendung. — Frachtberechnung, Nebengebühren, Frachtzuschläge. — Frachturkundenstempel. — Internationales Übereinkommen über den Eisenbahnfrachtverkehr. — Direkte beziehungsweise Verbandsgütertarife für den Verkehr zwischen deutschen und ausländischen Stationen. — Kombinierte Eisenbahn-Schiffstarife usw.

(A) vor Übungen = „Aufnahme vorher bei dem Dozenten nachzusuchen".

IV. Rechtswissenschaft.

(Versicherungsrecht, Kolonialrecht, Genossenschaftsrecht s. Abt. III.)

Dozent:

(50.) Bürgerliches Recht — *Di, Do 8-10 Vorm.* . . Heilfron

1. Allgemeine Lehren: Natürliche und juristische Personen. Geschäftsfähigkeit. Vertragsschluß. Verjährung.

2. Recht der Schuldverhältnisse: Inhalt, Begründung, Erlöschen, Übertragung. Einzelne Schuldverhältnisse, insbesondere Kauf, Schenkung, Miete, Darlehn, Dienst- und Werkvertrag, Auftrag, Verwahrung, Bürgschaft. Haftung aus unerlaubten Handlungen.

3. Grundzüge des Sachen-, Familien- und Erbrechts: Grundbuchwesen, Ehegüterrecht, Rechtsverhältnis zwischen Eltern und Kindern, Vormundschaftswesen, Erbfolge, Erbenhaftung. Erbteilung, Testamentserrichtung.

(51.) Wechselrecht — *Mi 6-7* . . . . Meyer

Geschichte des Wechsels. — Bestimmungen der deutschen Wechselordnung. — Ausländische Wechselrechte, ihre Grundzüge und wesentlichen Abweichungen vom deutschen Recht. — Internationales Wechselrecht. — Weltwechselrecht. — Wirtschaftliche Bedeutung des Wechsels.

(52.) Das Recht und die wirtschaftliche Bedeutung der Order- und Inhaberpapiere im Weltverkehr, insbesondere: der kaufmännischen Anweisungen, der Schecks, unter Berücksichtigung des Weltscheckrechtes nach den Ergebnissen der Haager Internationalen Konferenz von 1912, der Frachtbriefe, Konnossemente und Lagerscheine — *Mi 7-8* . . . . Meyer

Die Darstellung geht vom Deutschen Recht aus.

(53.) Handelsrecht — *Mo 9-11, Sb 9-10* . . . . . Eltzbacher

1. Rechte und Pflichten der Kaufleute. Registerpflichten. — Pflicht zur Buchführung, Inventur und Bilanz. — Schutz der Firma. — Schutz der Warenzeichen. — Schutz gegen unlauteren Wettbewerb.

2. Der Kaufmann und seine Mitarbeiter. Rechtsstellung des Prokuristen, des Reisenden, des Verkäufers, des Buchhalters und der sonstigen Handlungsgehilfen. — Rechtsstellung des Handlungslehrlings. — Rechtsstellung des Agenten und des Maklers. — Rechtsstellung des Kommissionärs und des Spediteurs.

3. Die kaufmännischen Vereinigungen. Offene Handelsgesellschaft. — Kommanditgesellschaft. — Aktiengesellschaft. — Gesellschaft mit beschränkter Haftung. — Stille Gesellschaft.

4. Die Geschäfte des Kaufmanns. Kauf. — Frachtgeschäft. — Lagergeschäft. — Bank- und Börsengeschäfte.

Dozent:

(54.) Bekämpfung des unlauteren Wettbewerbs — *Fr 6-7* . . . . Osterrieth

Unlauterer Wettbewerb. — Wesen. — Geschichte seiner Bekämpfung. — Gesetz vom 7. Juni 1909. — Verhältnis zum Warenzeichenschutz. — Internationaler Schutz.

(55.) Post-, Telegraphen- und Telephonrecht — *Do 7-8* Eger

Teil I. Einleitung: Geschichtliche Entwicklung, Quellen und Literatur.

Teil II. Das Post- und Telegraphen-Staats- und Verwaltungsrecht: Stellung der Post im Staate. Gliederung der Verwaltung. Recht der Post- und Telegraphen-Beamten und Angestellten.

Teil III. Das Postrecht: Öffentliche Rechte und Pflichten. Poststrafrecht. Internes und internationales Postverkehrsrecht.

Teil IV. Telegraphen- und Telephonrecht: Das öffentliche Telegraphen- und Telephonrecht. Das Telegraphen- und Telephonverkehrsrecht.

(56.) Zivilprozeßrecht (mit Übungen) — *Do 10-11* . Heilfron

1. Gerichtsverfassung.
   a) Ordentliche Gerichte: Organisation und Instanzenzug. Staatsanwaltschaft. Zustellungs- und Vollstreckungswesen. Rechtshilfe. Öffentlichkeit. Gerichtsferien.
   b) Kaufmanns- und Gewerbegerichte.
2. Zivilprozeßverfahren.
   a) Ordentliche Gerichte: Das Verfahren nach der Novelle vom 1. Juni 1909, insbesondere bei dem Amtsgericht.
   b) Das Verfahren bei den Kaufmanns- und Gewerbegerichten.
3. Anleitung zur Prozeßpraxis.
   a) Besuch der Prozeßabteilung des Dozenten.
   b) Durchführung eines Amtsgerichtsprozesses unter Zugrundelegung der amtlichen Formulare.

(57.) Konkursrecht — *Sb 11-12* . . . . Eltzbacher

1. Was gehört zu der den Gläubigern haftenden Masse? — Inwieweit muß man die vor Ausbruch des Konkurses mit dem Gemeinschuldner geschlossenen Verträge erfüllen? — Inwieweit hat man Leistungen, die man vor Ausbruch des Konkurses vom Gemeinschuldner empfangen hat, zurückzugewähren? — Was für Gläubiger haben Anspruch auf Befriedigung aus der Masse?

2. Eröffnung des Verfahrens. — Verwaltung und Verwertung der Masse. — Feststellung der anteilsberechtigten Forderungen. — Verteilung der Masse unter die Gläubiger. — Zwangsvergleich. — Strafbarer Bankerott.

(58). Verwaltungsrecht — *Mo 11-1* . . . . Preuß

Staat und Gesellschaft. — Das verfassungsmäßige Verwaltungsrecht. — Die Selbstverwaltung. — Das Amtsrecht. — Die Entwickelung der preußischen Verwaltungs-

(A) vor Übungen = „Aufnahme vorher bei dem Dozenten nachzusuchen"

Dozent:

organisation. — Die heutige Organisation der preußischen Verwaltung. — Die Organisation der Reichsverwaltung. — Die Gebiete der Verwaltung. — Die innere Verwaltung und die Polizei — Die Rechtskontrollen der Verwaltung und die Verwaltungsgerichtsbarkeit.

(59.) Völkerrecht — *Mo, Sb 10-11* . . . . Preuß

Das Problem des Völkerrechts. — Völkerrecht und Wirtschaftsleben. — Ihre Entwickelung. — Die Quellen des Völkerrechts. — Subjekte des Völkerrechts. — Die Staaten als Glieder der internationalen Gemeinschaft. — Der völkerrechtliche Staatenverkehr. — Seine Organe. — Die Rechtsgeschäfte des internationalen Staatenverkehrs. — Anfänge internationaler Organisation. — Die Staatenstreitigkeiten und das Völkerrecht. — Internationale Rechtsprechung. — Das Kriegsrecht.

(60.) Russisches Staatsrecht — *Mo 7-8* . . . . . Palme

Geschichtliche Einleitung. — I. Die oberste Staatsregierung: a) der Kaiser; das Subjekt der kaiserlichen Gewalt, Umfang der kaiserlichen Gewalt; b) das Parlament; Zusammensetzung und Kompetenz des Staatsrates und der Staatsduma. II. Die Zentralverwaltung: a) den Kaiser beratende Körperschaften: der Ministerrat, die militärischen Beiräte, das Finanzkomitee, das Sekretariat des Kaisers; b) die Minister; c) der dirigierende Senat. III. Die Lokalverwaltung: Statthalter des Kaisers, Generalgouverneure, Gouverneure, Gouvernementsbehörden; Semstwo und Städte; Bauernverwaltung, Organisation des Adels.

(61.) Jurisprudenz des täglichen Lebens — *Mi 8-9 Abends* . . . . Eltzbacher

Das öffentliche Leben in Staat und Gemeinde.

(62.) Übungen im Handelsrecht — *Sb 10-11* . . . Eltzbacher

Erörterung von Rechtsfällen aus dem Geschäftsleben. Entwerfen von Geschäftsbriefen in Rechtsangelegenheiten.

(63.) (A) Juristische Übungen für Vorgerückte — *Mi 4-6* . . . . Eltzbacher

Schriftliche Bearbeitung sowie Besprechung kaufmännischer Rechtsfälle aus dem bürgerlichen Recht, Handelsrecht, Zivilprozeß- und Konkursrecht.

(64.) (A) Übungen im öffentlichen Recht und in Finanzwissenschaft — *Sb 11-1* . . . . . . Preuß

(65) (A) Juristisches Seminar (14tägig, *in noch zu bestimmenden Stunden)* . . . . Eltzbacher

Anleitung zur wissenschaftlichen Behandlung von Fragen des Rechts und der Politik.

*Der **Auditorienzettel** erscheint vor Beginn des Semesters.*

V. Wirtschaftsgeographie und Wirtschaftsgeschichte.

(Kolonien: s. Abt. III. — Zur Wirtschaftsgeschichte überhaupt vgl. Abt. III u. IX.)

Dozent:

(66.) Allgemeine Wirtschaftsgeographie — *Di 12-1, Fr 11-1* . . . . Tiessen

Begriff und Gliederung der Wirtschaftsgeographie, Wesen und Umfang der Allgemeinen Wirtschaftsgeographie. Stellung der Siedlungskunde. Beziehungen der Menschen zur Erdoberfläche: Entstehung der Produktion; Beziehungen der Menschen untereinander: Entstehung von Handel und Verkehr.

I. Allgemeine Produktionsgeographie. a) Die nutzbaren Mineralien: Bedingungen ihres Vorkommens und ihrer Ausnutzung. — b) Die Nutzpflanzen: Abhängigkeit ihrer geographischen Verbreitung von den natürlichen Verhältnissen, insbesondere von Boden und Klima; ihre Beeinflussung in Artung, Verbreitung und Verwertung durch den Menschen (Kulturpflanzen). — c) Die Nutztiere: Nutzen und Benutzung freilebender Tiere; ihre Beeinflussung durch den Menschen (Haustiere). — Natürliche Hindernisse der Produktion.

II. Allgemeine Handels- und Verkehrsgeographie. Entwickelung des Handels aus den Wechselbeziehungen der Erdbewohner auf Grund der Produktion; Stufen des Fortschritts. Die Gegenstände des Handels: Rohstoffe und Verarbeitungserzeugnisse. — Völkerwanderungen als Urform des Verkehrs. Der Verkehr zwischen festen Siedelungen. Siedelungsdichte und Auswanderung. Verhältnisse und gegenseitige Beeinflussung von Handel und Verkehr. Die Hauptwege des Handels und Verkehrs und die Intensität ihrer Benutzung auf Grund der geographischen Bedingungen. Entwickelung der Verkehrsformen durch Überwindung der natürlichen Hindernisse.

(67.) (A) Geographische Übungen — *Mo 6-8* (14tägig) Tiessen

(68.) Mittel- und Südamerika — *Mo 4-5, Mi 6-8*. . Wegener

Das Gebiet in seinem Verhältnis zum Gesamterdteil. — Lage, Umrisse, Größe. — Die Grundzüge der Morphologie, des Klimas, der Hydrographie, der Pflanzenwelt, der Tierwelt, der Menschenwelt. — Die Geographie der natürlichen Einzellandschaften: a) Das Festland von Mittelamerika, b) die Inselwelt von Mittelamerika, c) der pazifische Faltengebirgsgürtel (die nördlichen, mittleren, südlichen Cordilleren), d) die atlantischen Schollenländer (die Bergländer von Guyana und Brasilien, die großen Tiefländer Südamerikas). — Erforschungs- und Besiedelungsgeschichte unter besonderer Berücksichtigung der Handelsinteressen. — Die gegenwärtigen Staatsgebilde und ihr wirtschaftliches Leben auf der Grundlage ihrer Landesnatur. — Das Gebiet im Welthandel und Weltverkehr (Panama-Kanal. Besondere Interessen Europas und Deutschlands usw.).

(69.) (A) Geographische Übungen — *Mo 6-8* (14tägig) Wegener

(A) vor Übungen = „Aufnahme vorher bei dem Dozenten nachzusuchen".

Dozent:

(70.) Geographische Ortsbestimmung bei Land- und Seereisen, sowie bei Luftfahrten, unter besonderer Berücksichtigung kolonialer Aufgaben, mit Übungen auf der astronomischen Beobachtungsstation der Handels-Hochschule — *Mo 8-9 Abends* . . . . Marcuse

Grundbegriffe der astronomischen Geographie, Nautik und Aeronautik. — Instrumente und rechnerische Hilfsmittel zur geographischen Ortsbestimmung zu Lande, auf See und im Luftfahrzeug. — Methoden zur Ermittelung von Zeit, Breite, Länge und Azimut auf Reisen. — Astronomisch-geographische Beobachtungen in den Kolonien.

(71.) (^{A}) Übungen für geographische Ortsbestimmung und Vermessung auf der astronomischen Station der Handels-Hochschule im Anschluß an die Vorlesung über Ortsbestimmung — *Mo 9-10 Abends* . . . . Marcuse

Handhabung der zeit- und winkelmessenden Instrumente. — Orts- und Zeitbestimmungen. — Vermessungen.

(72.) Himmelskunde, in allgemeinverständlicher Form und mit besonderer Berücksichtigung ihrer Bedeutung für Geographie und Schiffahrt (mit Lichtbildern) — *Fr 8-9 Abends* . . . Marcuse

Ideale und praktische Bedeutung der Astronomie. — Mutterwissenschaft der Schiffahrt. — Geschichte der Himmelskunde. — Statistik des Universums. — Kräftewirkungen im Universum. — Der Fixsternhimmel. — Das Sonnensystem in seinen einzelnen Bestandteilen. — Die Entstehung der Welten. — Sternwarten und Beobachtungsstationen.

(73.) Geschichte des deutschen Handels — *Di 7-8* . Hoeniger

Die Anfänge des Handels auf deutschem Boden. Fremde Einflüsse. Erste Organisation eines deutschen Handelsstandes im Gildewesen. Aufsteigende Entwicklung seit der Epoche der Kreuzzüge. Die Hansa. Ungünstige Veränderungen seit dem Zeitalter der Entdeckungen. Wirtschaftlicher Niedergang im 16. und 17. Jahrhundert. Ansätze einer Besserung unter der Herrschaft des Merkantilismus. Einwirkungen der Revolutionsepoche auf das deutsche Wirtschaftsleben; innerpolitische Umgestaltungen und Kontinentalsperre. Der deutsche Zollverein und seine nationale Bedeutung. Verkehrsentwickelung bis zur Begründung des neuen Deutschen Reiches.

Der Auditorienzettel erscheint vor Beginn des Semesters.

VI. Reine und angewandte Naturwissenschaften, Warenkunde, Technologie.

Dozent:

(74.) Mechanische Technologie — *Mo 5-6* . . . . Martens

1. Die wichtigsten Metalle und Hölzer (Gewinnung, Preis, Verbrauch, Eigenschaften); 2. Formgebung in flüssigem Zustande (Gießereitechnik); 3. Formgebung in plastischem Zustande (Schmieden, Nieten, Walzen, Drücken, Ziehen); 4. Formgebung durch Sägen, Feilen, Drehen, Fräsen, Hobeln, Bohren; 5. Zusammenfügen von Oberflächen (Schweißen, Löten, Leimen); 6 Veränderungen der Oberfläche (Schleifen, Polieren, Anstreichen, Verbleien, Verzinnen, Vernickeln, Verzinken); 7. Kabelspinnerei; 8. Optische Schleiferei; 9. Technische Organisation einer Fabrik (Anordnung der einzelnen Werkstätten, Transportmittel, Kraftzentrale, Konstruktionsbureau, Direktion).

(75.) Physikalische Grundlagen der Elektrotechnik — *Di 12-1, Fr 11-1* . . . . Martens

I. Teil. 1. Permanente Magnete und magnetisches Feld; 2. das einen elektrischen Strom umschlingende magnetische Wirbelfeld; 3. Verhalten von Eisen und Stahl im magnetischen Felde; 4 Widerstand, Spannung und Stromstärke; 5. Leistung des elektrischen Stroms an Widerständen; Joulesche Wärme; 6. Ruhende Elektrizitätsmengen oder Ladungen, Kapazität und elektrische Induktion; 7. das einen magnetischen Verschiebungsstrom umschlingende elektrische Wirbelfeld; 8. Durchgang des elektrischen Stromes durch elektrolytische Leiter; 9. Verschiedenheit der Spannung auf beiden Seiten einer Grenzfläche; 10. Maßeinheiten.

II. Teil. 1. Wechselstromsynchronmaschinen; 2. Drehstromsynchronmaschinen; 3. Wirkungsweise von Gleichstrommaschinen; 4. Schaltung von Gleichstrommaschinen; 5. Eisenfreie Selbstinduktionen und Transformatoren; 6. Eisenhaltige Selbstinduktionen und Transformatoren; 7. Durchgang von Wechselstrom durch Kapazitäten; 8. Entladung einer Selbstinduktion; 9. Entladung einer Kapazität; 10. Hertzsche Wellen und elektromagnetische Lichttheorie; 11. drahtlose Telegraphie.

(76.) Technische Ausflüge — *Mi 3-6* . . . . . . Martens

Geplant ist der Besuch: des Königlichen Materialprüfungsamtes, einer Eisengießerei, einer Werkzeugmaschinenfabrik, eines Kabelwerkes, einer Verzinkungsanstalt, einer optischen Fabrik, einer großen Maschinenfabrik, eines Bergwerkes, einer Klavierfabrik, einer Glühlampenfabrik, einer Dynamomaschinenbauanstalt.

(77.) Photographisches Praktikum — dreistündig, *in noch zu bestimmenden Stunden* . . . . . Martens

(78.) Kleines physikalisch-technisches Praktikum — *Do oder Sb 3-6* . . . . Martens

(79.) Mittleres physikalisch-technisches Praktikum — *Do, Sb 3-6* . . . . Martens

Mit den physikalisch-technischen Übungen im physikalischen Institut werden folgende Zwecke verfolgt: 1. Einprägung und besseres Verständnis der wichtigsten physikalischen Gesetze;

(A) vor Übungen = „Aufnahme vorher bei dem Dozenten nachzusuchen".

Dozent:

2. Erlernung der wichtigsten Maßbezeichnungen; 3. Erwerbung von Sicherheit im Rechnen, insbesondere mit Rechenschieber und Logarithmentafel. 4. Aneignung der praktisch wichtigsten Fertigkeiten z. B. Messung von Längen, Zeitmessung, Wägen; Anlassen und Untersuchung von Benzinmotoren, Elektromotoren usw. 5. Übung in zeichnerischer Darstellung. Die unter 2, 3, 4 und 5 genannten Zwecke können niemals in einer Vorlesung, sondern nur durch praktische Übungen erreicht werden. Im Verlauf eines Semesters kann im kleinen Praktikum naturgemäß nur eine kleinere Anzahl dieser Aufgaben bearbeitet werden als im mittleren Praktikum.

(80.) (A) Großes physikalisches Praktikum — *täglich von 9-6* . . . . Martens

(81.) Organische Chemie für Industriekaufleute — *Mo 4-5, Do 4-6* . . . . Binz

I. Stoffe mit offener Kohlenstoffkette. Die Kohlenwasserstoffe; Erdöl, Acetylen. — Alkohole, Aether, Ester. — Halogensubstitutionsprodukte; Chloroform, Jodoform. — Aldehyde und Ketone. Technische Destillation des Holzes: Holzgeist, Holzessig, Formaldehyd. — Säuren: Reihe der Fettsäuren. Industrie der Fette und Öle. Kohlensäure und ihre Derivate. Blausäure und die Cyanidindustrie. Oxalsäure, Weinsäure. — Kohlehydrate: Zucker, Stärke, Gärungsgewerbe. Die Cellulose.

II. Stoffe mit geschlossener Kohlenstoffkette. Benzoltheorie. Aromatische Kohlenwasserstoffe und ihre Substitutionsprodukte. — Industrie des Leuchtgases und des Steinkohlenteers. — Nitroverbindungen, Anilin und seine Derivate. Azofarbstoffe. Phenole, Benzoesäure, Salicylsäure. — Triphenylmethanfarbstoffe. — Naphtalin und seine Derivate. — Alizarinfarbstoffe. — Die Indigogruppe. — Schwefelfarbstoffe. — Aetherische Öle und Kampher. Industrie der Riechstoffe. — Alkaloide.

— Die chemische Industrie (für Fabrikanten, Kaufleute, Juristen, Beamte usw.) — *Fr 7-8* (Inhaltsangabe siehe Seite 13) . . . . . . Binz

(82.) Kohle und Eisen — *Fr 10-11* . . . . . . Binz

Theorie der Entstehung von Torf, Braunkohle und Steinkohle. Die Holzkohle. Graphit und die Bleistiftindustrie. — Technik der Wärmeerzeugung. Generatorgas. — Koks. Die Geschichte der Steinkohlenindustrie und des Hochofens. — Gußeisen, Schmiedeeisen, Stahl. — Entwicklung der Eisenindustrie durch die Erfindungen von Huntsman, Cort, Bessemer, Martin, Thomas und Gilchrist. — Die Braunkohle und ihre Verwendungen. — Die Destillation der Steinkohle. Die Gasbeleuchtung. — Ammoniak aus Steinkohle. — Verwendung in der Industrie des Kunstdüngers und in der Eisfabrikation. — Ammoniaksoda. — Steinkohlenteer und Teerfarben.

(83.) (A) Dreistündiges chemisches Praktikum — *in beliebigen Stunden, täglich, innerhalb der*

Dozent:

Zeit von 10-1 und 3-6, mit Ausnahme von Sb Nachm. . . . . Binz

Anfängerübungen. Qualitative und quantitative Analyse. Anorganische und organische Präparate und Synthesen. Experimentelle Einführung in technische Verfahren und warenkundliche Untersuchungsmethoden, je nach der chemischen Vorbildung und den speziellen Bedürfnissen der Teilnehmer.

(84.) ([A]) Sechsstündiges chemisches Praktikum — *in beliebigen Stunden, täglich, innerhalb der Zeit von 10-1 u. 3-6, mit Ausnahme von Sb Nachm.* Binz

Der Lehrstoff ist derselbe wie beim dreistündigen Praktikum und wird in der entsprechend kürzeren Zeit erledigt.

VII. Sprachen.

Der praktischen Erlernung des mündlichen und schriftlichen Gebrauchs fremder Sprachen, einschließlich der fremdsprachlichen Handelskorrespondenz, dient das *»Handels-Hochschul-Seminar für fremde Sprachen«*.

Für das Sommer-Semester 1913 werden im Spanischen *Unter-*, *Mittel-* und *Ober*kurse, im Italienischen und Russischen *Unter-* und *Mittel*kurse, im Englischen und Französischen *Mittel-* und *Ober*kurse eingerichtet. In den beiden letzten Fächern, zu denen nur immatrikulierte Studierende zugelassen werden, setzen die *Mittelkurse* die vorhandenen (nicht bloß einmal vorhanden gewesenen) Vorkenntnisse voraus, die auf deutschen Realanstalten bei der Versetzung nach Obersekunda verlangt werden, während die *Oberkurse* für Fortgeschrittene bestimmt sind.

Für solche immatrikulierte Studierende, die bereits eine ausreichende Kenntnis der englischen oder der französischen Sprache besitzen und lediglich in Übung zu bleiben wünschen, werden besondere *»Einstündige Kurse für Fortgeschrittene«* eingerichtet. Eine notwendige Ergänzung zu dem unter steter Beziehung auf das moderne Kulturleben erteilten Sprachunterricht bilden die in Abschnitt IX u. a. verzeichneten *Vorlesungen* aus dem Gebiet des englischen, französischen und russischen Geistes- und Wirtschaftslebens.

Die Unterrichtssprache ist soweit als möglich die fremde Sprache. Im Interesse einer gründlichen Ausbildung des einzelnen ist die Zahl der Teilnehmer an den Kursen beschränkt und die Zulassung zu den Mittel- und Oberkursen von dem Bestehen einer mündlichen und schriftlichen Aufnahmeprüfung abhängig.

(A) vor Übungen = „Aufnahme vorher bei dem Dozenten nachzusuchen“.

Anmeldungen für das Seminar sind sofort am Anfang des Semesters gemäß den am schwarzen Brett gegebenen Anweisungen zu machen. **Es wird dringend darauf hingewiesen, daß im Interesse des Unterrichts Meldungen nach dem 6. Mai keinen Anspruch auf Berücksichtigung haben.**

Studierende, die Kurse in anderen europäischen Sprachen (portugiesisch, dänisch, schwedisch, holländisch usw.) zu nehmen oder eine Ausbildung in außereuropäischen Sprachen (japanisch, chinesisch, persisch, suaheli usw.) zu erlangen wünschen, werden ersucht, sich gleich zu Beginn des Semesters an den Direktor des Seminars, Dr. Spies, zu wenden. Bei ausreichender Beteiligung aus den Kreisen der Studierenden wird der gewünschte Kursus eingerichtet.

Die Kurse werden wie folgt abgehalten:

Englisch.

(85.) Mittelkursus I: Hart *Mo, Do 2-4.*
(86.) „ II: „ *Di, Fr 2-4.*
(87.) „ III: „ *Di, Fr 4-6.*
(88.) „ Neuendorff *Di, Fr 4-6.*
(89.) Oberkursus: Brandenburg *Di, Do 3-5.*
(90.) „ Hart *Mo, Do 4-6.*
(91.) „ Spies *Mi 4-6, Fr 2-3½ präzise.*
(92.) Einstündiger Kursus für Fortgeschrittene: Brandenburg *Mi 6-7.*

Französisch.

(93.) Mittelkursus: Maillet *Mo, Do 3-5.*
(94.) Oberkursus: Francillon *Mo, Do 4-6.*
(95.) „ Maillet *Di, Fr 3-5.*
(96.) Mittelkursus: Puy-Fourcat *Mo, Do 2-4.*
(97.) Oberkursus: Puy-Fourcat *Di, Fr 4-6.*
(98.) Mittelkursus: Schmidt *Mo, Do 4-6.*
(99.) Einstündiger Kursus für Fortgeschrittene: Maillet *Mi 3-4.*

Russisch.

(100.) Unterkursus: Palme *Mo, Do 4-6.*
(101.) Mittelkursus: Boehme *Di, Fr 4-6.*
(102.) Russische Lektüre: Boehme *Mi 4-6.*

Der Auditorienzettel erscheint vor Beginn des Semesters.

Spanisch.

(103.) Unterkursus: de Palacios *Mo, Do 4-6.*
(104.) Mittelkursus: de Mugica *Mo, Do 5-7.*
(105.) Oberkursus: de Mugica *Di 5-7, Fr 6-8.*

Italienisch.

(106.) Unterkursus: Hecker *Do $3^1/_2$-5 präcise.*
(107.) Mittelkursus: Hecker *Do 6-$7^1/_2$ präcise.*

(108.) Deutsche Sprachkurse für Ausländer.

Von den die Handels-Hochschule besuchenden Ausländern wird vorausgesetzt, daß sie eine Kenntnis der deutschen Sprache besitzen, die sie befähigt, an den Vorlesungen und Übungen teilzunehmen. Damit ihnen jedoch Gelegenheit gegeben werde, ihren Aufenthalt in Deutschland zur weiteren Vervollkommnung im Gebrauch der deutschen Sprache zu benutzen, werden Übungen im mündlichen und schriftlichen Gebrauch der deutschen Sprache abgehalten mit besonderer Rücksicht auf kaufmännische Verhältnisse:

Grammatische und stilistische Übungen. Sprechübungen über deutsche Landes- und Volkskunde, deutsches Geistes- und Wirtschaftsleben, deutsche Einrichtungen im Vergleich zu ausländischen. Schriftliche Nacherzählungen von eben Gehörtem oder Beobachtetem. Pflege der kaufmännischen Korrespondenz. Lektüre ausgewählter Abschnitte aus modernen Schriftstellern nach Paszkowski, Lesebuch zur Einführung in die Kenntnis Deutschlands und seines geistigen Lebens. 5. Auflage. Berlin, Weidmann 1911.

Paszkowski *Mo, Do 4-6*

Seminarbibliothek.

Diejenigen Studierenden, die in einen Sprachkursus aufgenommen sind, haben das Recht auf Benutzung der Seminarbibliothek und des Lesezimmers, I. Stock links, Zimmer 107 (vergl. Anschlag am schwarzen Brett).

VIII. Theorie und Praxis des kaufmännischen Unterrichts, Pädagogik.

Dozent:

109.) Kaufmännisches Unterrichtswesen des Auslandes — *Sb 10-11* . . . . Kühne

Die Bedeutung des kaufmännischen Bildungswesens für den internationalen Wettbewerb. Das kaufmännische Bildungswesen Österreichs, der Schweiz, Ost- und Nordeuropas, Italiens, Belgiens, Frankreichs, Englands, Amerikas und Japans.

— Staatliche Gewerbeförderung mit besonderer Berücksichtigung des gewerblichen Unterrichtswesens — *Sb 9-10 Vorm.* (Inhaltsangabe s. S. 18) v. Seefeld

A) vor Übungen = „Aufnahme vorher bei dem Dozenten nachzusuchen".

Dozent:

— Einführung in die Buchhaltung (Vorbereitungskurs für Studierende ohne Vorkenntnisse) — *Sb 8-10 Vorm.* (Inhaltsangabe s. Seite 14) . Gerstner

— Einführung in das kaufmännische Rechnen, verbunden mit Übungen — *Mi 4-6.* (Inhaltsangabe s. Seite 15). . . . . Mantzke

(110.) (A) Seminar für Handelslehrer I — *Sb 11-1* (14tägig) . . . . Kühne

Behandlung von Fragen des kaufmännischen Bildungswesens und Unterrichts im Anschluß an Berichte der Mitglieder.

(111.) (A) Seminar für Handelslehrer II — *Fr 5-8*. . Kühne

Besuch von kaufmännischen Schulen Berlins und der Vororte. Muster- und Probelektionen mit anschließenden Besprechungen. Lehrtätigkeit der Mitglieder.

Die Übungen finden in den kaufmännischen Schulen der Korporation der Kaufmannschaft unter Mitleitung von Herrn Direktor Dr. Knörk statt.

IX. Allgemeine wissenschaftliche Ausbildung.

(112.) Die Philosophie der Gegenwart — *Do 7-8* . . Frischeisen-Köhler

Das Wiedererwachen der Philosophie. Der Positivismus (Mach, Schuppe, Avenarius, Poincaré), die neukantischen Richtungen (Riehl, die Marburger Schule, Windelband, Rickert), die metaphysischen Neubildungen (Wundt, Eucken).

(113.) Geschichte der deutschen Literatur im Ausgang des 19. Jahrhunderts — *Do 6-7* . . . . . Herrmann

Rückblick auf die Leistungen der Generation 1848—1880: Realismus. — Deutsche Kultur und Kunst seit 1880. Naturalistische Theorie. Schiffbruch der Lyrik. — Ausländischer Einfluß: Zola, die Russen, Ibsen. — Entwickelung der Literatur in drei Stufen; 1. Selbständige Dichter: Wildenbruch, Fontane, Liliencron, 2. der neurealistische Roman: Kretzer, M. G. Conrad, Bleibtreu, Conradi u. a., 3. der konsequente Naturalismus und das Drama: Holz und Schlaf; Gerhart Hauptmann u. a.

(114.) Deutsche und niederländische Kunst im XVI. und XVII. Jahrhundert (mit Lichtbildern) — *Di 6-7* Justi

Albrecht Dürer. — Baldung und Grünewald. — Peter Vischer. Hans Holbein. — Die Kleinmeister. — Der Manierismus. — Franz Hals. — Rembrandt. — Holländische Malerei.

(115.) Stilwandlungen des Kunstgewerbes (mit Lichtbildern) — *Di 7-8* . . . . Jessen

Die Hauptepochen des älteren Kunstgewerbes; ihre Grundsätze und Formen mit Ausblicken auf die heutige Praxis.

Der Auditorienzettel erscheint vor Beginn des Semesters.

Dozent:

(116.) English Life and Manners (with lantern-slides) — *Do 5-6* . . . . Spies

Introductory remarks. — Land. — Stay in England (with special hints for students). — Race. — Society past and present. — Religion. — Education. — Charity. — Law and justice. — Questions of the day. — Some extra lectures with lantern-slides will be given in the evening.

(117.) Allgemeine und speziell englische Phonetik (mit Demonstrationen und praktischen Übungen) — *Do 6-8*. . . . . Spies

Stellung der Phonetik in der Wissenschaft (geschichtlich und systematisch). — Bedeutung der Phonetik für die Erlernung einer lebenden Sprache. — Die Frage der Musteraussprache (Einheitsaussprache und mundartliche Aussprache). — Die Sprachorgane. — Die Sprachlaute im Allgemeinen (phonetische Systeme). — Schwierigkeiten des Deutschen bei Erlernung der englischen Aussprache und ihre Gründe. — Orthographie und Aussprache im Englischen einschl. der Reformbestrebungen. — Artikulationsbasis und Lautverbindungen. — Satzakzent und Sprachmelodie. — Wie lehrt man die Aussprache einer fremden Sprache, besonders die des Englischen? — (auch über Sprechmaschinen und ihre Bedeutung) — Praktische Übungen mit einer Einführung in die einschlägige Literatur.

Die am Donnerstag, den 1. Mai (Himmelfahrt) ausfallenden Stunden werden auf eine andere Zeit (s. Anschlag) verlegt und auf die Beurteilung der Aussprache der Teilnehmer verwandt werden.

(118.) Le roman français contemporain — ***Fr*** *8-9 Abends* . . . . Haguenin

Les derniers naturalistes. Huysmans. — Les frères Rosny. Les frères Margueritte. Paul Adam. Léon Frapié. Lucien Jean. Charles-Louis Philippe. Marguerite Audoux; etc. — Paul Bourget. Maurice Barrès. René Bazin. Marcel Prévost. Henry Bordeaux. — André Lichtenberger. — Louis Bertrand. Claude Farrère. Miryam Harry. Colette Willy. — André Gide; la Nouvelle Revue française. — Jerôme et Jean Tharaud.

X. Fertigkeiten.

Stenographie (System Stolze-Schrey) . . . . Coprian

(119.) Unterkursus — ***Di*** *3-5.*

(120.) Oberkursus — ***Fr*** *3-5.*

Diktatübungen und Debattenschrift.

XI. Studienreise.

Das Nähere über die Studienreise, welche für den Monat August geplant ist, wird rechtzeitig am schwarzen Brett bekannt gemacht werden.

(A) vor Übungen = „Aufnahme vorher bei dem Dozenten nachzusuchen"

D.

Stunden-Übersicht

für das

Sommer-Semester 1913.

D. Stunden-Übersicht

Stunde	Montag	Dienstag	Mittwoch
8—9	**Gerstner**, Abschlußtechnik	**Heilfron**, Bürgerl. Recht **Jastrow**, Prakt. Nationalökonom.	**Leitner**, Industriebetrieb **Schär**, Handelsbetriebslehre
9—10	**Eltzbacher**, Handelsrecht	**Heilfron**, Bürgerl. Recht **Jastrow**, Prakt. Nationalökonom. **Schär**, Handelsw. Seminar	**Leitner**, Industriebetrieb **Schär**, Handelsbetriebslehre
10—11	**Eltzbacher**, Handelsrecht **Preuß**, Völkerrecht	**Hellauer**, Seminar **Leitner**, Bank-u. Börsengeschäfte **Schär**, Handelsw. Seminar	**Hellauer**, Spez. Welthandelslehre **Leitner**, Seminar I
11—12	**Hellauer**, Allg. Welthandelslehre **Preuß**, Verwaltungsrecht	**Hellauer**, Seminar **Leitner**, Bank-u. Börsengeschäfte	**Hellauer**, Spez. Welthandelslehre **Schär**, Zahlungsverkehr
12—1	**Hellauer**, Allg. Welthandelslehre **Preuß**, Verwaltungsrecht	**Martens**, Elektrotechnik **Schär**, Buchhaltung **Tiessen**, Allg. Wirtschaftsgeogr.	**Hellauer**, Bankrechnen **Sombart**, Allg. Nationalökonomie
1—2			**Sombart**, Allg. Nationalökonomie
2—3	***Hart***, *Engl. M.* — ***Puy-Fourcat*** *Frans. M.*	***Hart***, *Engl. M.*	
3—4	***Hart***, *Engl. M.* — ***Maillet***, *Frans. M.* — ***Puy-Fourcat***, *Frans. M.*	***Hart***, *Engl. M.* — ***Brandenburg***, *Engl. O.* — ***Maillet***, *Frans. O.* — ***Coprian***, *Stenographie U.*	**Martens**, Technische Ausflüge ***Maillet***, *Frans. E.*
4—5	**Binz**, Org. Chemie f. Industriekaufl. **Wegener**, Amerika ***Paszkowski***, *Deutsch f. Ausländer* ***Hart***, *Engl. O.* — ***Francillon***, *Frans. O.* — ***Maillet***, *Frans. M.* — ***Schmidt***, *Frans. M.* — ***Palme***, *Russ. U.* — ***de Palacios***, *Span. U.*	***Hart***, *Engl. M.* — ***Neuendorff***, *Engl. M.* — ***Brandenburg***, *Engl. O.* — ***Maillet***, *Frans. O.* — ***Puy-Fourcat***, *Frans. O.* — ***Boehme***, *Russ. M.* — ***Coprian***, *Stenographie U.*	**Eltzbacher**, Ueb. f. Fortgeschr. **Martens**, Technische Ausflüge **Sombart**, Volksw. Seminar ***Spies***, *Engl. O.* — ***Boehme***, *Russ. Lektüre.* — ***Mantzke***, *Einführung in das kaufmännische Rechnen.*
5—6	**Martens**, Mechan. Technologie ***Paszkowski***, *Deutsch f. Ausländer* ***Hart***, *Engl. O.* — ***Francillon***, *Frans. O.* — ***Schmidt***, *Frans. M.* — ***Palme***, *Russ. U.* — ***de Palacios***, *Span. U.* — ***de Mugica***, *Span. M.*	[**Leitner**, Uebgn f. Warenkflte] {**Leitner**, Uebgn f. Bankkflte} ***Hart***, *Engl. M.* — ***Neuendorff***, *Engl. M.* — ***Puy-Fourcat***, *Frans. O.* — ***Boehme***, *Russ. M.* — ***de Mugica***, *Span. O.* —	**Eltzbacher**, Ueb. f. Fortgeschr. **Martens**, Technische Ausflüge **Sombart**, Volksw. Seminar ***Spies***, *Engl. O.* — ***Boehme***, *Russ. Lektüre.* — ***Mantzke***, *Einführung in das kaufmännische Rechnen.*
6—7	[**Tiessen**, Geograph. Uebungen] {**Wegener**, Geograph. Uebungen} **Ziegel**, Math. Grundl. d. Bankrech. ***de Mugica***, *Span. M.*	**Justi**, Dtsch. u. niederländ. Kunst [**Leitner**, Uebgn f. Warenkflte] {**Leitner**, Uebgn f. Bankkflte} ***de Mugica***, *Span. O.*	**Kriele**, Wirtschaftl. Uebungen **Meyer**, Wechselrecht **Wegener**, Amerika ***Brandenburg***, *Engl. E.*
7—8	**Hager**, Versicherungsvertrag **Palme**, Russisches Staatsrecht [**Tiessen**, Geograph. Uebungen] {**Wegener**, Geograph. Uebungen}	**v. Bortkiewicz**, Geldwesen **Hoeniger**, Dtsch. Handelsgesch. **Jessen**, Stilwandl. d. Kunstgew. **Köbner**, Koloniale Probleme	**Kriele**, Wirtschaftl. Uebungen **Meyer**, Order- u. Inhaberpapiere **Rohrbach**, Dtsch. Kolonialwirtsch. **Wegener**, Amerika **Ziegel**, Technik der Anleihen
8—9	**Hager**, Sozialversicherung **v. Luschan**, Völkerkunde **Marcuse**, Geogr. Ortsbestimmung	**Somary**, Bank- u. Börsenwesen **Sombart**, Moderne Gesellschaft	**Eltzbacher**, Jurispr. d. tägl. Leb. **J. Hoffmann**, Eisenbahnverkehr **Rohrbach**, Dtsch. Kolonialwirtsch.
9—10	**Marcuse**, Ueb. z. Ortsbestimmung		

Sommer-Semester 1913.

Donnerstag	Freitag	Sonnabend	Stunde
Heilfron, Bürgerliches Recht **Leitner**, Buchhaltungsseminar	**Jastrow**, Prakt. Nationalökonom.	**Gerstner**, Einf. i. d. Buchhalt.	8—9
Heilfron, Bürgerliches Recht **Leitner**, Buchhaltungsseminar	**Jastrow**, Prakt. Nationalökonom. **Zoepfl**, Kolonialpolitik	**Eltzbacher**, Handelsrecht **Gerstner**, Einf. i. d. Buchhalt. **v. Seefeld**, Staatl. Gewerbeförd.	9—10
Heilfron, Zivilprozeß. Uebungen **Hellauer**, Kalkulation	**Binz**, Kohle und Eisen **Jastrow**, Einführung	**Eltzbacher**, Handelsrechtl. Ueb. **Kühne**, Kaufm. Bildungsw. d. Ausl. **Manes**, Versicher.-Uebungen **Preuß**, Völkerrecht	10—11
Hellauer, Kalkulation **Leitner**, Bank- u. Börsengeschäfte	**Martens**, Elektrotechnik **Schär**, Buchhaltung **Tiessen**, Allg. Wirtschaftsgeogr.	**Eltzbacher**, Konkursrecht (**Kühne**, Handelslehrerseminar I) **Manes**, Lebensversicherung **Preuß**, Uebungen	11—12
Hellauer, Bankrechnen **Sombart**, Allg. Nationalökonomie	**Martens**, Elektrotechnik **Schär**, Buchhaltung **Tiessen**, Allg. Wirtschaftsgeogr.	(**Kühne**, Handelslehrerseminar I) **Manes**, Wicht. Versich.-Zweige **Preuß**, Uebungen	12—1
Sombart, Allg. Nationalökonomie		**Binz**, Chem. Praktikum, 3stündig, wahlweise in den Stunden von 10-1 oder 3-6 mit Ausnahme von Sb nachm. — Chemisches Praktikum, 6stündig, wahlweise in den Stunden von 10-1 oder 3-6 mit Ausnahme von Sb nachm. **Eltzbacher**, Juristisches Seminar *in noch zu bestimmenden Stunden.* **Jastrow**, Kolloquium über Tagesfragen *in noch zu bestimmend. Stunden.* **Martens**, Physik.-technisches Praktikum: — Kleines Do od. Sb 3-6 Uhr. — Mittl. Do u. Sb 3-6 Uhr. — Großes täglich 9-6 Uhr. — Photogr. Praktikum — 3stündig, *in noch zu bestimmenden Stunden.*	1—2
*Hart, Engl. M. — **Puy-Fourcat**, Frans. M.*	*Hart, Engl. M. — **Spies**, Engl. O.*		2—3
*Hart, Engl. M. — **Brandenburg**, Engl. O. — **Maillet**, Frans. M. — **Puy-Fourcat**, Frans. M. — **Hecker**, Ital. U.*	**Jastrow**, Volkswirtsch. Seminar *Hart, Engl. M. — **Spies**, Engl. O. — **Maillet**, Frans. O. — **Coprian**, Stenographie O.*		3—4
Binz, Org. Chemie f. Industriekaufl. *Passkowski, Deutsch f. Ausländer **Brandenburg**, Engl. O. — **Hart**, Engl. O. — **Francillon**, Frans. O. — **Maillet**, Frans. M. — **Schmidt**, Frans. M. — **Palme**, Russ. U. — **de Palacios**, Span. U. — **Hecker**, Ital. U.*	**Jastrow**, Volkswirtsch. Seminar *Hart, Engl. M. — **Neuendorff**, Engl. M. — **Maillet**, Franz. O — **Puy-Fourcat**, Franz. O. — **Boehme**, Russ. M. — **Coprian**, Stenographie O.*		4—5
Binz, Org. Chemie f. Industriekaufl. **Crüger**, Praxis d. Genossenschaften **Spies**, English life and manners *Passkowski, Deutsch f. Ausländer **Hart**, Engl. O. — **Francillon**, Frans. O. — **Schmidt**, Frans. M. — **Palme**, Russ. U. — **de Palacios**, Span. U. — **de Mugica**, Span. M.*	**Kuczynski**, Frz. Wirtschaftsgesch. **Kühne**, Handelslehrersem. II *Hart, Engl. M. — **Neuendorff**, Engl. M. — **Puy-Fourcat**, Frans. O. — **Boehme**, Russ. M. —*		5—6
Crüger, Genossensch. Uebungen **Hecht**, Exportkolloquium **Herrmann**, Literaturgeschichte **Rahts**, Statistische Uebungen **Spies**, Phonetik *de Mugica, Span. M. — **Hecker**, Ital. M.*	**Kuczynski**, Handelspolitik **Kühne**, Handelslehrersem. II **Osterrieth**, Unlaut. Wettbewerb *de Mugica, Span. O.*	Kollegs in [ ] oder in { } oder in ( ) finden 14tägig statt. Kollegs in [ ] und Kollegs in { } werden wochenweise abwechselnd gehalten. Bei den *Sprachen* ist *U.* = Unterkursus, *M.* = Mittelkursus, *O.* = Oberkursus. *E.* = Einstünd. Kursus für Fortgeschrittene.	6—7
Crüger, Genossensch. Uebungen **Eger**, Post- u. Telegraphenrecht **Frischeisen-Köhler**, Philosophie der Gegenwart **v. Liebig**, Allg. Versicherungsl. **Spies**, Phonetik *Hecker, Ital. M.*	**Binz**, Chemische Industrie **Kühne**, Handelslehrerseminar II (**v. Liebig**, Versicherungsprakt.) (**Somary**, Bankseminar) *de Mugica, Span. O.*		7—8
v. Liebig, Allg. Versicherungsl. **Paschke**, Org. d. deutsch. Buchhandels	**Haguenin**, Le roman français contemporain (**v. Liebig**, Versicherungsprakt.) **Marcuse**, Himmelskunde (**Somary**, Bankseminar)		8—9
			9—10

E.

Bestimmungen über Anfragen, Aufnahmebedingungen, Gebühren, Drucksachen, ersten Immatrikulationstermin, Beginn der Vorlesungen, Ferien.

1. Anfragen in Unterrichtsangelegenheiten sind zu adressieren:

An den Rektor der Handels-Hochschule
Berlin C. 2,
Spandauer Straße 1

2. Anfragen einfacherer Art: z. B. betreffend Immatrikulationstage, Drucksachen etc. können auch

An das Sekretariat der Handels-Hochschule
Berlin C. 2,
Spandauer Straße 1

gerichtet werden.

3. Aufnahmebedingungen und Gebühren.

a) Für die Immatrikulation als Studierender ist erforderlich:
entweder Einjährig-Freiwilligen-Zeugnis und Zeugnis über beendete kaufmännische Lehrzeit
oder Abiturienten-Zeugnis einer Vollanstalt
oder Zeugnis über bestandene zweite Lehramts-Prüfung.

Studiengeld pro Semester 125 M. (Ausländer 250 M.), einmalige Aufnahmegebühr 30 M. (Ausländer 60 M.), Akademische Krankenkasse 2 M. (Ausländer 3 M.), Unfallversicherung 1 M. Studierende, die bereits an einer andern Hochschule immatrikuliert waren, zahlen nur die halbe Aufnahmegebühr. Mitglieder der Korporation der Kaufmannschaft von Berlin, sowie deren Söhne und Töchter sind von der Aufnahmegebühr befreit.

b) Als Hospitanten können Personen zugelassen werden, welche zwar den Aufnahmebedingungen zu a) genügen, aber durch persönliche Verhältnisse (höheres Lebensalter, Lebensstellung usw.) verhindert sind, sich als Studierende immatrikulieren zu lassen. Sie bezahlen als Kollegiengeld für die Wochenstunde pro Semester 10 M. (Ausländer 20 M.), sowie als Gebühr für die Benutzung der Bibliothek und Lesehalle pro Semester 5 M.

c) Hörer ohne Nachweis einer bestimmten Vorbildung können zu einstündigen Vorlesungen zugelassen werden und zahlen für die Wochenstunde pro Semester 10 M., Mitglieder der Korporation der Kaufmannschaft von Berlin, deren Familienangehörige und Angestellte, bei Vorlegung eines Ausweises 5 M. (Ein Auszug aus dem Vorlesungsverzeichnis, enthaltend die „Einstündigen Vorlesungen", kann vom Sekretariat unentgeltlich bezogen werden.)

4. Ausführlichere Angaben betreffend die Handels-Hochschule, sowie Immatrikulationsbestimmungen, Gebührenordnung, Prüfungsordnungen usw. sind enthalten in den Druckschriften:

„Die Handels-Hochschule Berlin, Bericht über die erste Rektoratsperiode Oktober 1906 bis 1909, erstattet von dem Rektor der Handels-Hochschule Professor Dr. Jastrow." Verlag von Georg Reimer, Berlin W. 35. Preis 3 M,

„Bericht über das vierte und fünfte Studienjahr der Handels-Hochschule Berlin, Oktober 1909 bis 1911, erstattet von dem Rektor der Handels-Hochschule Professor Dr. A. Binz." Preis 1,50 M. und

„Bericht über das sechste Studienjahr der Handels-Hochschule Berlin, Oktober 1911 bis Oktober 1912, erstattet von dem Rektor der Handels-Hochschule Professor Dr. A. Binz." Preis 1,20 M.,

die durch jede Buchhandlung sowie direkt vom Verlage zu beziehen sind.

5. Die erste Immatrikulation für das Sommer-Semester findet statt: **Dienstag, den 15. April.** Gleichzeitig beginnen, insbesondere für neu immatrikulierte Studierende, die eine Beratung über den Studienplan wünschen, die Sprechstunden des Rektors (s. S. 3). Anmeldungen zur Immatrikulation werden jederzeit (auch während der Ferien) im Sekretariat der Handels-Hochschule entgegengenommen. — Die Vorlesungen beginnen **Donnerstag, den 24. April.** Den Studierenden wird empfohlen, beim Mieten von Zimmern zu vereinbaren, daß für die letzten Tage des April die Miete tagweise zu berechnen ist.

6. Pfingstferien: 10. bis 17. Mai einschließlich.

Börsenbuchdruckerei Denter & Nicolas,
Berlin C.

andels-Hochschule Berlin

Neues Vorlesungsverzeichnis

Sommer-Semester 1913.